崧燁文化

曹永忠　著

ESP32程式設計
(基礎篇)

ESP32 IOT Programming
(Basic Concept & Tricks)

U0082178

自序

　　ESP 32 開發板系列的書是我出版至今八年多，出書量也破一百三十多本大關，專為 ESP 32 開發板的第一本教學書籍，當初出版電子書是希望能夠在教育界開一門 Maker 自造者相關的課程，沒想到一寫就已過八年多，繁簡體加起來的出版數也已也破一百三十多本的量，這些書都是我學習當一個 Maker 累積下來的成果。

　　這本書可以說是我的書另一個里程碑，之前都是以專案為主，以我設計的產品或逆向工程展開的產品重新實作，但是筆者發現，很多學子的程度對一個產品專案開發，仍是心有餘、力不足，所以筆者鑑於如此，回頭再寫基礎感測器系列與程式設計系列，希望透過這些基礎能力的書籍，來培養學子基礎程式開發的能力，等基礎扎穩之後，面對更難的產品開發或物聯網系統開發，有能游刃有餘。

　　目前許多學子在學習程式設計之時，恐怕最不能了解的問題是，我為何要寫九九乘法表、為何要寫遞迴程式，為何要寫成函式型式…等等疑問，只因為在學校的學子，學習程式是為了可以了解『撰寫程式』的邏輯，並訓練且建立如何運用程式邏輯的能力，解譯現實中面對的問題。然而現實中的問題往往太過於複雜，授課的老師無法有多餘的時間與資源去解釋現實中複雜問題，期望能將現實中複雜問題淬鍊成邏輯上的思路，加以訓練學生其解題思路，但是眾多學子宥於現實問題的困惑，無法單純用純粹的解題思路來進行學習與訓練，反而以現實中的複雜來反駁老師教學太過學理，沒有實務上的應用為由，拒絕深入學習，這樣的情形，反而自己造成了學習上的障礙。

　　本系列的書籍，針對目前學習上的盲點，希望讀者從感測器元件認識、使用、應用到產品開發，一步一步漸進學習，並透過程式技巧的模仿學習，來降低系統龐大產生大量程式與複雜程式所需要了解的時間與成本，透過固定需求對應的程式攢寫技巧模仿學習，可以更快學習單晶片開發與 C 語言程式設計，進而有能力開發出原有產品，進而改進、加強、創新其原有產品固有思維與架構。如此一來，因為學子們進行『重新開發產品』過程之中，可以很有把握的了解自己正在進行什麼，對於學習過程之中，透過實務需求導引著開發過程，可以讓學子們讓實務產出與邏輯化思考產生關連，如此可以一掃過去陰霾，更踏實的進行學習。

這八年多以來的經驗分享，逐漸在這群學子身上看到發芽，開始成長，覺得 Maker 的教育方式，極有可能在未來成為教育的主流，相信我每日、每月、每年不斷的努力之下，未來 Maker 的教育、推廣、普及、成熟將指日可待。

最後，請大家可以加入 Maker 的知識分享(Open Knowledge)的行列。

曹永忠 於貓咪樂園

目 錄

物聯網系列

　　本書是『ESP 系列程式設計』的第一本書，主要教導新手與初階使用者之讀者熟悉使用 ESP32 開發板使用最基礎的數位輸出、數位輸入、類比輸出、類比輸入、網際網路連接、網際網路基礎應用…等等。

　　ESP 32 開發板最強大的不只是它的簡單易學的開發工具，最強大的是它網路功能與簡單易學的模組函式庫，幾乎 Maker 想到應用於物聯網開發的東西，只要透過眾多的周邊模組，都可以輕易的將想要完成的東西用堆積木的方式快速建立，而且 ESP 32 開發板市售價格比原廠 Arduino Yun 或 Arduino + Wifi Shield 更具優勢，最強大的是 ESP 32 開發板低廉的價格與 Wifi+藍芽雙配備，更符合物聯網的基本需求，這是今年以來 ESP 32 開發板為何這樣火熱的原因，希望透過這個系列書籍的分享，讓 Maker 不需要具有深厚的電子、電機與電路能力，就可以輕易駕御 ESP 32 開發板與周邊模組。

　　筆者很早就開始使用 ESP 32 開發板，也算是先驅使用者，感謝台北大安高工冷凍科歐鎮寬老師之提攜（網址：http://ta.taivs.tp.edu.tw/mainteacher/SearchData.asp?TID=541)，與 ESP32 大師：中信金融管理學院人工智慧學系的尤濬哲助理教授之無私分享（網址：https://faculty.ctbc.edu.tw/%E5%B0%A4%E6%BF%AC%E5%93%B2-%E5%8A%A9%E7%90%86%E6%95%99%E6%8E%88/)，若沒有這些先進協助，本書無法付梓，所以筆者不勝感激，希望筆者可以推出更多的入門書籍給更多想要進入『ESP 32 開發板』、『物聯網』這個未來大趨勢，所有才有這個系列的產生。

1
CHAPTER

開發板介紹

ESP32 開發板是一系列低成本，低功耗的單晶片微控制器，相較上一代晶片 ESP8266，ESP32 開發板 有更多的記憶體空間供使用者使用，且有更多的 I/O 口可供開發，整合了 Wi-Fi 和雙模藍牙。 ESP32 系列採用 Tensilica Xtensa LX6 微處理器，包括雙核心和單核變體，內建天線開關，RF 變換器，功率放大器，低雜訊接收放大器，濾波器和電源管理模組。

樂鑫（Espressif）1於 2015 年 11 月宣佈 ESP32 系列物聯網晶片開始 Beta Test，預計 ESP32 晶片將在 2016 年實現量產。如下圖所示，ESP32 開發板整合了 801.11 b/g/n/i Wi-Fi 和低功耗藍牙 4.2（Buletooth / BLE 4.2） ，搭配雙核 32 位 Tensilica LX6 MCU，最高主頻可達 240MHz，計算能力高達 600DMIPS，可以直接傳送視頻資料，且具備低功耗等多種睡眠模式供不同的物聯網應用場景使用。

圖 1 ESP32 Devkit 開發板正反面一覽圖

---

1 https://www.espressif.com/zh-hans/products/hardware/esp-wroom-32/overview

ESP32 特色：

- 雙核心 Tensilica 32 位元 LX6 微處理器

- 高達 240 MHz 時脈頻率

- 520 kB 內部 SRAM

- 28 個 GPIO

- 硬體加速加密（AES、SHA2、ECC、RSA-4096）

- 整合式 802.11 b/g/n Wi-Fi 收發器

- 整合式雙模藍牙（傳統和 BLE）

- 支援 10 個電極電容式觸控

- 4 MB 快閃記憶體

資料來源：https://www.botsheet.com/cht/shop/esp-wroom-32/

ESP32 規格：

- 尺寸：55*28*12mm(如下圖所示)

- 重量：9.6g

- 型號：ESP-WROOM-32

- 連接：Micro-USB

- 芯片：ESP-32

- 無線網絡：802.11 b/g/n/e/i

- 工作模式：支援 STA / AP / STA+AP

- 工作電壓：2.2 V 至 3.6 V

- 藍牙：藍牙 v4.2 BR/EDR 和低功耗藍牙（BLE、BT4.0、Bluetooth Smart）

- USB 芯片：CP2102

- GPIO：28 個

- 存儲容量：4Mbytes

- 記憶體：520kBytes

資料來源：https://www.botsheet.com/cht/shop/esp-wroom-32/

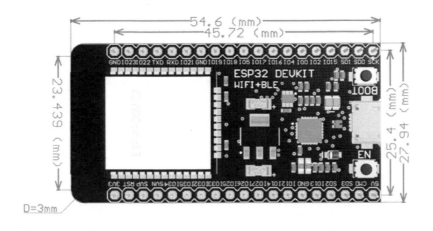

圖 2 ESP32 Devkit 開發板尺寸圖

ESP32 WROOM

ESP-WROOM-32 開發板具有 3.3V 穩壓器，可降低輸入電壓，為 ESP32 開發板供電。它還附帶一個 CP2102 晶片(如下圖所示)，允許 ESP32 開發板與電腦連接後，可以再程式編輯、編譯後，直接透過串列埠傳輸程式，進而燒錄到 ESP32 開發板，無須額外的下載器。

圖 3 ESP32 Devkit CP2102 Chip 圖

ESP32 的功能[2]包括以下內容：

- 處理器：
    - CPU: Xtensa 雙核心 (或者單核心) 32 位元 LX6 微處理器, 工作時脈 160/240 MHz, 運算能力高達 600 DMIPS
- 記憶體：
    - 448 KB ROM (64KB+384KB)
    - 520 KB SRAM
    - 16 KB RTC SRAM,SRAM 分為兩種
        - ◆ 第一部分 8 KB RTC SRAM 為慢速儲存器,可以在 Deep-sleep 模式下被次處理器存取
        - ◆ 第二部分 8 KB RTC SRAM 為快速儲存器,可以在 Deep-sleep 模式下 RTC 啟動時用於資料儲存以及 被主 CPU 存取。
    - 1 Kbit 的 eFuse，其中 256 bit 為系統專用（MAC 位址和晶片設定）；其餘 768 bit 保留給用戶應用，這些 應用包括 Flash 加密和晶片 ID。
    - QSPI 支援多個快閃記憶體/SRAM
    - 可使用 SPI 儲存器 對映到外部記憶體空間，部分儲存器可做為外部儲存器的 Cache
        - ◆ 最大支援 16 MB 外部 SPI Flash
        - ◆ 最大支援 8 MB 外部 SPI SRAM
- 無線傳輸：
    - Wi-Fi: 802.11 b/g/n

---

[2] https://www.espressif.com/zh-hans/products/hardware/esp32-devkitc/overview

- 藍芽: v4.2 BR/EDR/BLE

- 外部介面：

  - 34 個 GPIO

  - 12-bit SAR ADC ，多達 18 個通道

  - 2 個 8 位元 D/A 轉換器

  - 10 個觸控感應器

  - 4 個 SPI

  - 2 個 I2S

  - 2 個 I2C

  - 3 個 UART

  - 1 個 Host SD/eMMC/SDIO

  - 1 個 Slave SDIO/SPI

  - 帶有專用 DMA 的乙太網路介面,支援 IEEE 1588

  - CAN 2.0

  - 紅外線傳輸

  - 電機 PWM

  - LED PWM, 多達 16 個通道

  - 霍爾感應器

- 定址空間

  - 對稱定址對映

  - 資料匯流排與指令匯流排分別可定址到 4GB(32bit)

  - 1296 KB 晶片記憶體取定址

  - 19704 KB 外部存取定址

  - 512 KB 外部位址空間

  - 部分儲存器可以被資料匯流排存取也可以被指令匯流排存取

- 安全機制

- 安全啟動

- Flash ROM 加密

- 1024 bit OTP, 使用者可用高達 768 bit

- 硬體加密加速器

  - AES

  - Hash (SHA-2)

  - RSA

  - ECC

  - 亂數產生器 (RNG)

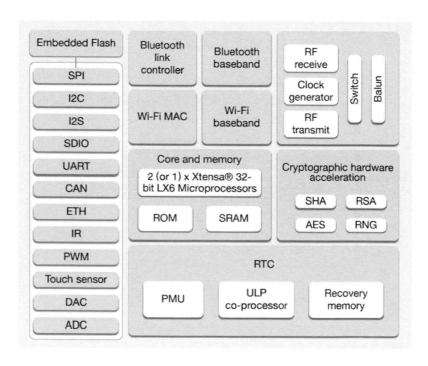

圖 4 ESP32　Function BlockDiagram

NodeMCU-32S Lua WiFi 物聯網開發板

NodeMCU-32S Lua WiFi 物聯網開發板是 WiFi+ 藍牙 4.2+ BLE /雙核 CPU 的開

發板(如下圖所示)，低成本的 WiFi+藍牙模組是一個開放源始碼的物聯網平台。

圖 5 NodeMCU-32S Lua WiFi 物聯網開發板

NodeMCU-32S Lua WiFi 物聯網開發板也支持使用 Lua 腳本語言編程，NodeMCU-32S Lua WiFi 物聯網開發板之開發平台基於 eLua 開源項目，例如 lua-cjson, spiffs.。NodeMCU-32S Lua WiFi 物聯網開發板是上海 Espressif 研發的 WiFi+藍牙芯片，旨在為嵌入式系統開發的產品提供網際網絡的功能。

NodeMCU-32S Lua WiFi 物聯網開發板模組核心處理器 ESP32 晶片提供了一套完整的 802.11 b/g/n/e/i 無線網路（WLAN）和藍牙 4.2 解決方案，具有最小物理尺寸。

NodeMCU-32S Lua WiFi 物聯網開發板專為低功耗和行動消費電子設備、可穿戴和物聯網設備而設計，NodeMCU-32S Lua WiFi 物聯網開發板整合了 WLAN 和藍牙的所有功能，NodeMCU-32S Lua WiFi 物聯網開發板同時提供了一個開放原始碼的平台，支持使用者自定義功能，用於不同的應用場景。

NodeMCU-32S Lua WiFi 物聯網開發板 完全符合 WiFi 802.11b/g/n/e/i 和藍牙 4.2 的標準，整合了 WiFi/藍牙/BLE 無線射頻和低功耗技術，並且支持開放性的 RealTime 作業系統 RTOS。

NodeMCU-32S Lua WiFi 物聯網開發板具有 3.3V 穩壓器，可降低輸入電壓，為 NodeMCU-32S Lua WiFi 物聯網開發板供電。它還附帶一個 CP2102 晶片(如下圖所示)，允許 ESP32 開發板與電腦連接後，可以再程式編輯、編譯後，直接透過串列埠傳輸程式，進而燒錄到 ESP32 開發板，無須額外的下載器。

圖 6 ESP32 Devkit CP2102 Chip 圖

NodeMCU-32S Lua WiFi 物聯網開發板的功能　包括以下內容：

● 商品特色：

◆ WiFi+藍牙 4.2+BLE

◆ 雙核 CPU

◆ 能夠像 Arduino 一樣操作硬件 IO

◆ 用 Nodejs 類似語法寫網絡應用

● 商品規格：

◆ 尺寸：49*25*14mm

◆ 重量：10g

◆ 品牌：Ai-Thinker

◆ 芯片：ESP-32

◆ Wifi：802.11 b/g/n/e/i

◆ Bluetooth：BR/EDR+BLE

◆ CPU：Xtensa 32-bit LX6 雙核芯

◆ RAM：520KBytes

◆ 電源輸入：2.3V~3.6V

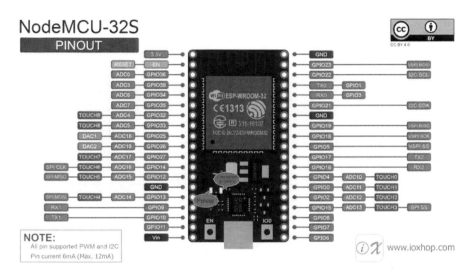

圖 7 ESP32S ESP32S 腳位圖

Arduino 開發 IDE 安裝

首先我們先進入到 Arduino 官方網站的下載頁面(Download the Arduino IDE)：http://arduino.cc/en/Main/Software：

圖 8 Arduino IDE 開發軟體下載區

Arduino 的開發環境，有 Windows、Mac OS X、Linux 版本。本範例以 Windows 版本作為範例，請頁面下方點選「Windows Installer」下載 Windows 版本的開發環境。

如下圖所示，我們下載最新版 ARDUINO 開發工具：

圖 9 下載最新版 ARDUINO 開發工具

目前筆者寫書階段下載版本檔名為「arduino-1.8.11-windows.exe」

圖 10 下載 ARDUINO 開發工具

下載完成後，請將下載檔案點擊兩下執行，出現如下畫面：

(a).直接點選下載圖示

(b).使用檔案總管點選下載檔案

圖 11 下點選下載檔案

如下圖所示，進入開始安裝畫面：

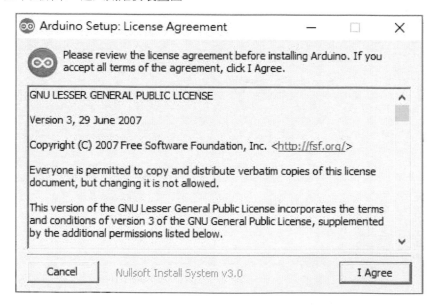

圖 12 開始安裝

如下圖所示，點選「I Agree」後出現如下選擇安裝元件畫面：

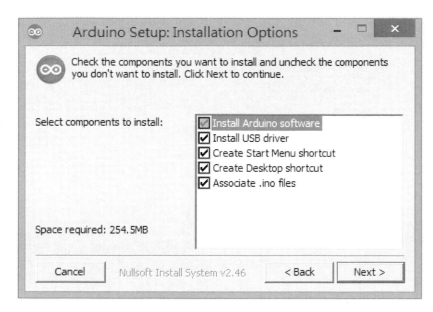

圖 13 選擇安裝元件

如下圖所示，點選「Next>」後出現如下選擇安裝目錄畫面：

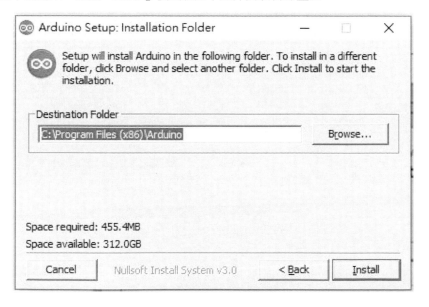

圖 14 選擇安裝目錄

如下圖所示，選擇檔案儲存位置後，點選「Install」進行安裝，出現如下畫面：

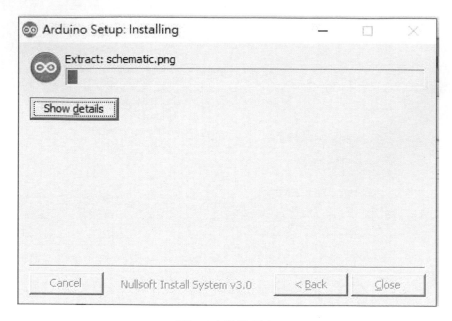

圖 15 安裝進行中

如下圖所示，安裝到一半時，會出現詢問是否要安裝 Arduino USB Driver(Arduino LLC)的畫面，請點選「安裝(I)」。

圖 16 詢問是否安裝 Arduino USB Driver

如下圖所示，安裝系統就會安裝 Arduino USB 驅動程式。

圖 17 安裝 Arduino USB 驅動程式

如下圖所示，安裝完成後，出現如下畫面，點選「Close」。

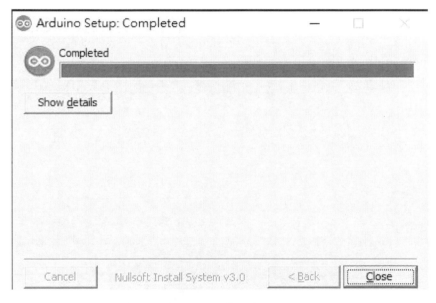

圖 18 安裝完成

如下圖所示，桌布上會出現 ![Arduino] 的圖示，您可以點選該圖示執行 Arduino
Sketch 程式。

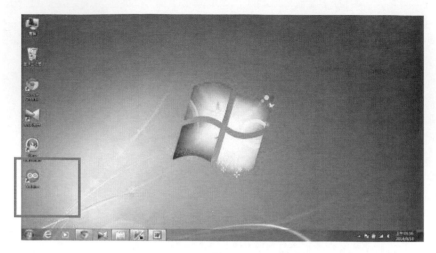

圖 19 點選 Arduino Sketch 程式圖示

如下圖所示，您會進入到 Arduino 的軟體開發環境的介面。

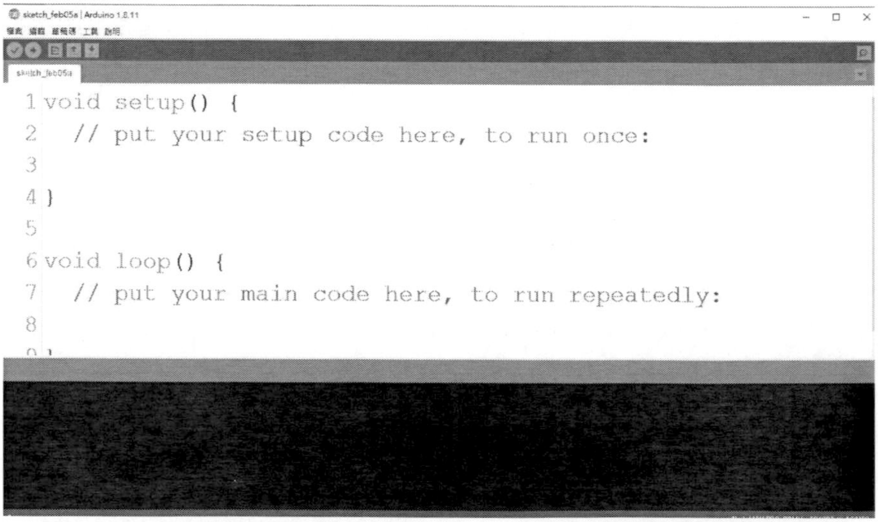

圖 20 Arduino 的軟體開發環境的介面

以下介紹工具列下方各按鈕的功能：

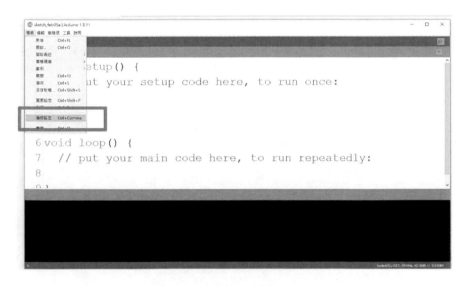 Verify 按鈕		進行編譯，驗證程式是否正常運作。
Upload 按鈕		進行上傳，從電腦把程式上傳到 Arduino 板子裡。
New 按鈕		新增檔案
Open 按鈕		開啟檔案，可開啟內建的程式檔或其他檔案。
Save 按鈕		儲存檔案

如下圖所示，您可以切換 Arduino Sketch 介面語言，我們先進入進

入 Preference 選項。

圖 21 進入 Preference 選項

如下圖所示，出現 Preference 選項畫面。

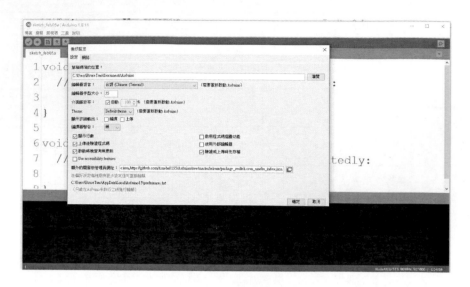

圖 22Preference 選項畫面

如下圖所示，可切換到您想要的介面語言(如繁體中文)。

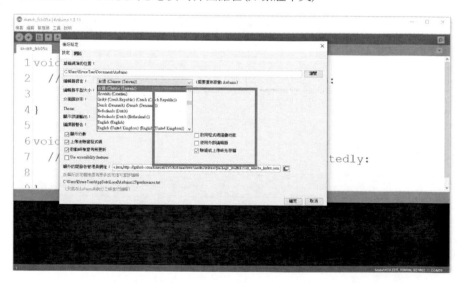

圖 23 切換到您想要的介面語言

如下圖所示，按下「OK」，確定切換繁體中文介面語言。

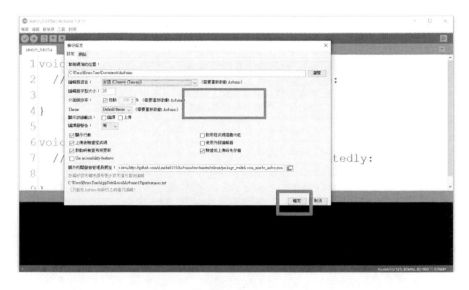

圖 24 確定切換繁體中文介面語言

如下圖所示，按下「結束按鈕」，結束 Arduino Sketch 程式，並重新開啟 Arduino Sketch 程式。

圖 25 點選結束按鈕

如下圖所示，可以發現 Arduino Sketch 程式介面語言已經變成繁體中文介面了。

圖 26 繁體中文介面 Arduino Sketch 程式

安裝 Arduino 開發板的 USB 驅動程式

以 Mega2560 作為範例

如下圖所示， 將 Mega2560 開發板透過 USB 連接線接上電腦。

圖 27 USB 連接線連上開發板與電腦

　　如下圖所示，到剛剛解壓縮完後開啟的資料夾中，點選「drivers」資料夾並進入。

名稱	修改日期	類型	大小
drivers	2014/1/8 下午 08...	檔案資料夾	
examples	2014/1/8 下午 08...	檔案資料夾	
hardware	2014/1/8 下午 08...	檔案資料夾	
java	2014/1/8 下午 08...	檔案資料夾	
lib	2014/1/8 下午 08...	檔案資料夾	
libraries	2014/1/8 下午 08...	檔案資料夾	
reference	2014/1/8 下午 08...	檔案資料夾	
tools	2014/1/8 下午 08...	檔案資料夾	
arduino	2014/1/8 下午 08...	應用程式	840 KB
cygiconv-2.dll	2014/1/8 下午 08...	應用程式擴充	947 KB
cygwin1.dll	2014/1/8 下午 08...	應用程式擴充	1,829 KB
libusb0.dll	2014/1/8 下午 08...	應用程式擴充	43 KB
revisions	2014/1/8 下午 08...	文字文件	38 KB
rxtxSerial.dll	2014/1/8 下午 08...	應用程式擴充	76 KB

圖 28 Arduino IDE 開發軟體下載區

　　如下圖所示，依照不同位元的作業系統，進行開發板的 USB 驅動程式的安裝。32 位元的作業系統使用 dpinst-x86.exe， 64 位元的作業系統使用 dpinst-amd64.exe。

名稱	修改日期	類型	大小
FTDI USB Drivers	2014/1/8 下午 08...	檔案資料夾	
arduino	2014/1/8 下午 08...	安全性目錄	10 KB
arduino	2014/1/8 下午 08...	安裝資訊	7 KB
dpinst-amd64	2014/1/8 下午 08...	應用程式	1,024 KB
dpinst-x86	2014/1/8 下午 08...	應用程式	901 KB
Old_Arduino_Drivers	2014/1/8 下午 08...	WinRAR ZIP 壓縮檔	14 KB
README	2014/1/8 下午 08...	文字文件	1 KB

圖 29 Arduino IDE 開發軟體下載區

　　如下圖所示，以 64 位元的作業系統作為範例，點選 dpinst-amd64.exe，會出現如下畫面：

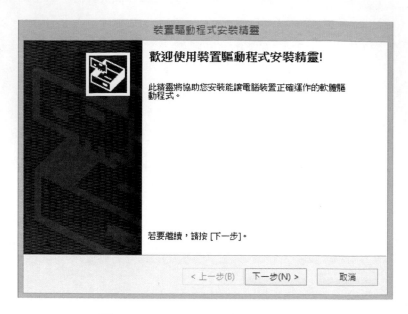

圖 30 Arduino IDE 開發軟體下載區

　　如下圖所示，點選「下一步」，程式會進行安裝。完成後出現如下畫面，並點選「完成」。

圖 31 Arduino IDE 開發軟體下載區

　　如下圖所示，您可至 Arduino 開發環境中工具列「工具」中的「序列埠」看到多出一個 COM，即完成開發板的 USB 驅動程式的設定。

圖 32 Arduino IDE 開發軟體下載區

如下圖所示，可至電腦的裝置管理員中，看到連接埠中出現 Arduino Mega 2560 的 COM3，即完成開發板的 USB 驅動程式的設定。

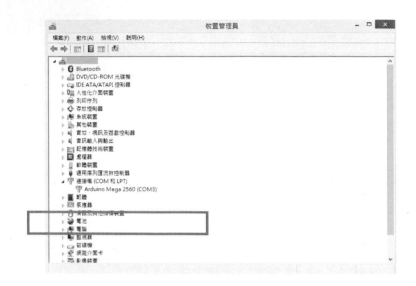

圖 33 Arduino IDE 開發軟體下載區

　　如下圖所示，到工具列「工具」中的「板子」設定您所用的開發板。

圖 34 Arduino IDE 開發軟體下載區

※您可連接多塊 Arduino 開發板至電腦，但工具列中「板子」中的 Board 需與「序列埠」對應。

如下圖所示，修改 IDE 開發環境個人喜好設定：(存檔路徑、語言、字型)

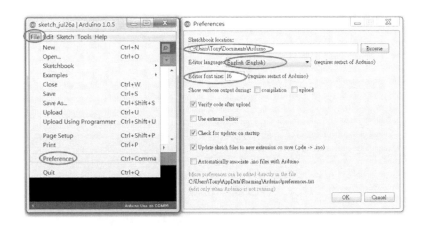

圖 35 IDE 開發環境個人喜好設定

安裝 ESP 開發板的 CP210X 晶片 USB 驅動程式

如下圖所示，將 ESP32 開發板透過 USB 連接線接上電腦。

圖 36 USB 連接線連上開發板與電腦

如下圖所示，請到 SILICON LABS 的網頁，網址：

https://www.silabs.com/products/development-tools/software/usb-to-uart-bridge-vcp-drivers

，去下載 CP210X 的驅動程式，下載以後將其解壓縮並且安裝，因為開發板上連接
USB Port 還有 ESP32 模組全靠這顆晶片當作傳輸媒介。

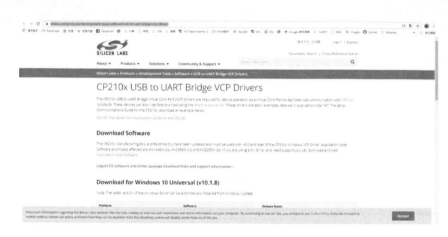

圖 37 SILICON LABS 的網頁

如下圖所示，讀者請依照您個人作業系統版本，下載對應 CP210X 的驅動程式，
筆者是 Windows 10 64 位元作業系統，所以下載 Windows 10 的版本。

圖 38 下載合適驅動程式版本

如下圖所示，選擇下載檔案儲存目錄儲存下載對應 CP210X 的驅動程式。

圖 39 選擇下載檔案儲存目錄

如下圖所示，先點選下圖左邊紅框之下載之 CP210X 的驅動程式，解開壓縮檔後，再點選下圖右邊紅框之『CP210xVCPInstaller_x64.exe』，進行安裝 CP2102 的驅動程式(尤濬哲, 2019)。

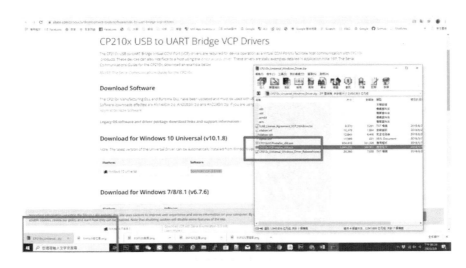

圖 40 安裝驅動程式

如下圖所示，開始安裝驅動程式。

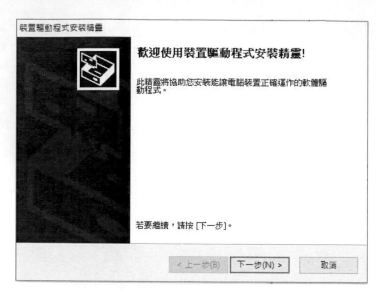

圖 41 開始安裝驅動程式

如下圖所示，完成安裝驅動程式。

圖 42 完成安裝驅動程式

如下圖所示，請讀者打開控制台內的打開裝置管理員。

圖 43 打開裝置管理員

如下圖所示，打開連接埠選項。

圖 44 打開連接埠選項

如下圖所示，我們可以看到已安裝驅動程式，筆者是 Silicon Labs CP210x USB to UART Bridge (Com36)，讀者請依照您個人裝置，其：Silicon Labs CP210x USB to UART Bridge (ComXX)，其 XX 會根據讀者個人裝置有所不同。

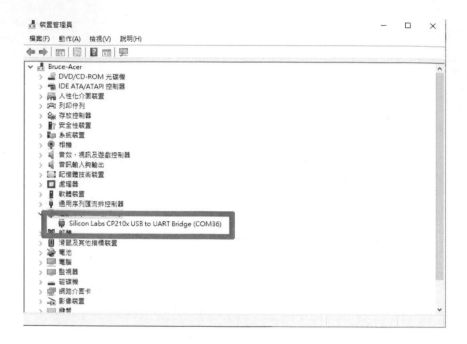

圖 45 已安裝驅動程式

如上圖所示，我們已完成安裝 ESP 開發板的 CP210X 晶片 USB 驅動程式。

WEMOS D1 WIFI 物聯網開發板

WeMos D1 WIFI 物聯網開發板是 WiFi+ Arduino UNO 相容的開發板，下圖所示，是一個低成本的 WiFi+開放源始碼的物聯網平台。

圖 46 WeMos D1 WIFI 物聯網開發板

WeMos D1 WIFI 物聯網開發板的功能　包括以下內容：

- 微控制器：ESP-8266EX

- WIFI 頻率：2.4GHz

- IEEE 802.11 b / g / n

- WiFi 功率放大器(PA)：+25dBm

- 輸入介面：Micro USB

- 工作電壓：3.3V

- 時脈：80 / 160 MHz

- 數位 I/O PIN：11 支接腳

- 類比輸入 PIN：1 支接腳

- FLASH：4MB

- DC O2.1mm 插孔

- Arduino 兼容，使用 Arduino IDE 來編程,

- 支援 OTA 無線上傳

- 板載 5V 1A 開關電源 (最高輸入電壓 24V)

- 安裝後，直接用 Arduino IDE 開發，跟 Arduino UNO 一樣操作

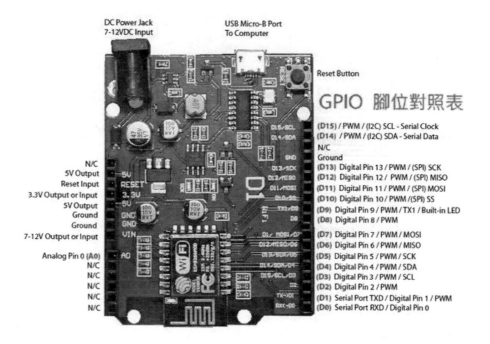

圖 47 WeMos D1 WIFI 物聯網開發板腳位圖

安裝 WeMos D1 WIFI 物聯網開發板的 Ch340 晶片 USB 驅動程式

如下圖所示，將 WeMos D1 WIFI 物聯網開發板透過 USB 連接線接上電腦。

圖 48 USB 連接線連上開發板與電腦

對於 Windows 使用者，若無法自動偵測 nodeMCU 驅動程式，需要自行下載安裝 COM 埠驅動程式。

WeMos D1 WIFI 物聯網開發板 使用 CH340G USB-to-UART 橋接晶片組。讀者可以到：USB-SERIAL CH340G 驅動程式下載，網址：

http://www.arduined.eu/files/CH341SER.zip

WeMos D1 WIFI 物聯網開發板 使用 CP2102 USB-to-UART 橋接晶
片組。讀者可以到：USB-SERIAL CP2102 驅動程式下載，網址：
https://www.silabs.com/documents/public/software/CP210x_Windows_Drivers.
zip

如下圖所示，我們選到我們剛才下載驅動程式的硬碟位置，本文為：I:\
驅動程式\CH340，讀者會有所不同。

圖 49 CH340 驅動程式下載區

如下圖所示，點擊我們剛才下載驅動程式的硬碟位置，本文為：I:\驅動程
式\CH340.exe，讀者會有所不同，執行 CH340 驅動程式安裝。

圖 50 C 安裝已下載之 H340 驅動程式

如下圖所示，開始安裝驅動程式。

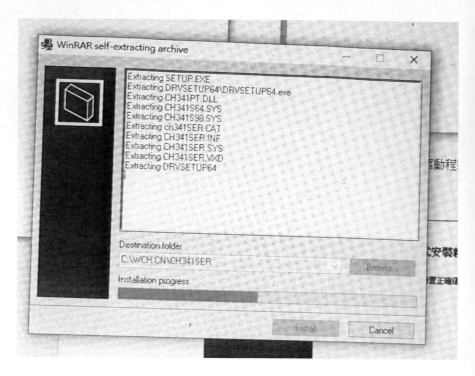

圖 51 開始安裝驅動程式

如下圖所示，由於 WINDOWS 權限控管，您必須同意安裝驅動程式。

圖 52 同意安裝驅動程式

如下圖所示，開始安裝驅動程式。

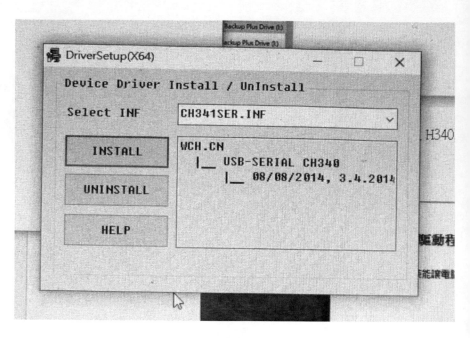

圖 53 完成安裝驅動程式

如下圖所示，請讀者打開控制台內的打開裝置管理員。

圖 54 打開裝置管理員

如下圖所示，打開連接埠選項。

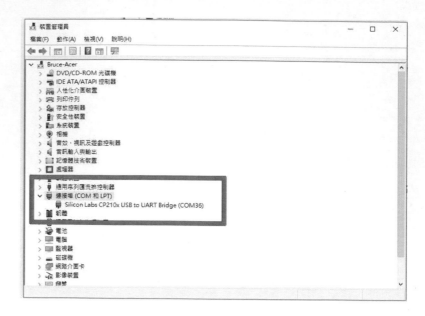

圖 55 打開連接埠選項

如下圖所示，我們可以看到已安裝驅動程式，筆者是 Silicon Labs CP210x USB to UART Bridge (Com36)，讀者請依照您個人裝置，其：Silicon Labs CP210x USB to UART Bridge (Com<u>XX</u>)，其 <u>XX</u> 會根據讀者個人裝置有所不同。

圖 56 已安裝驅動程式

如上圖所示，我們已完成安裝 WeMos D1 WIFI 物聯網開發板的 CH340 晶片 USB 驅動程式。

Arduino 函式庫安裝(安裝線上函式庫)

如下圖所示，請將 Arduino 開發 IDE 工具打開。

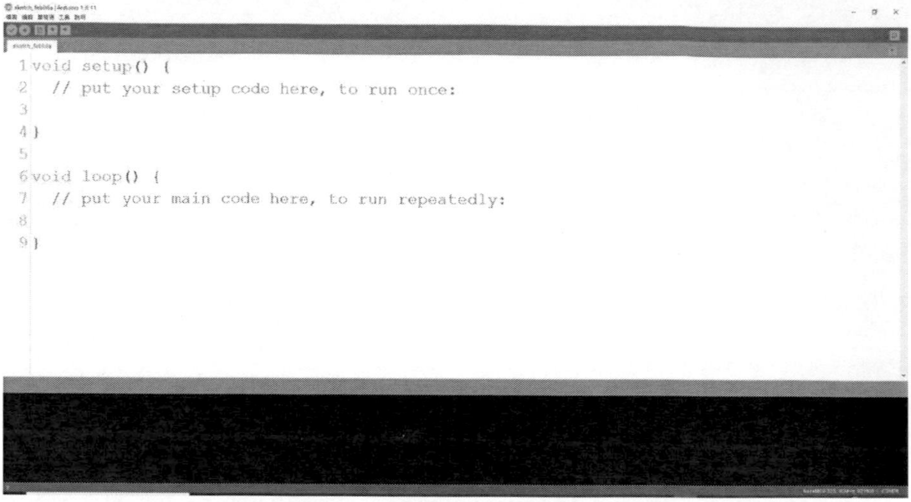

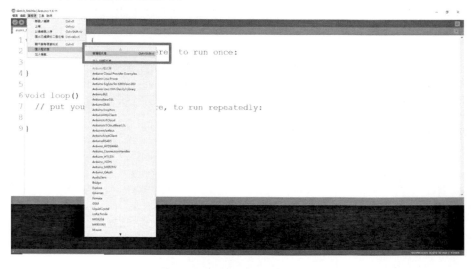

圖 57 打開開發工具

　　如下圖所示，請到選擇管理程式庫，先選擇工具列的草稿碼(Sketch)，再選擇
匯入程式碼，再選擇選擇管理程式庫。

圖 58 選擇管理程式庫

　　如下圖所示，我們可以看到程式管理員主畫面。

圖 59 程式管理員主畫面

如下圖所示，請在紅框區，輸入要查詢函式庫名稱。。

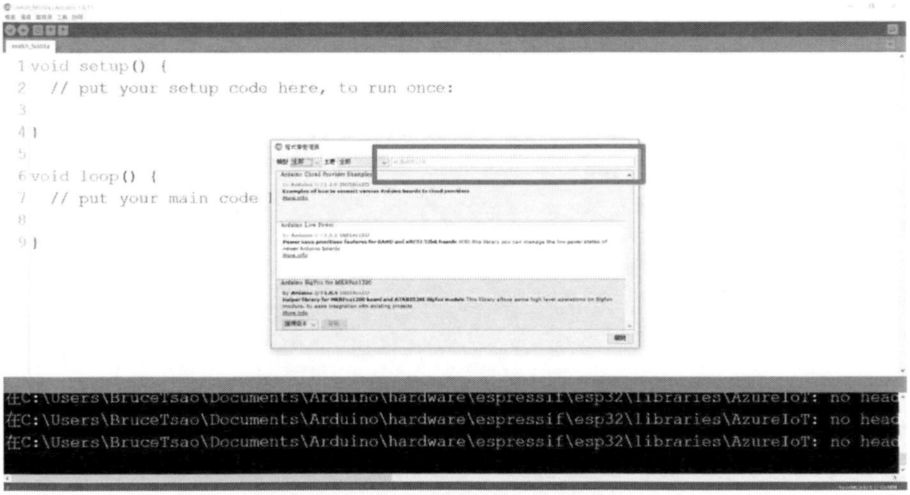

圖 60 輸入要查詢函式庫

如下圖所示，請在紅框區，輸入要查詢函式庫名稱：ADX，按下

『enter』鍵，如下圖所示，我們可以看到查詢到『ADX』相關的函式庫。

圖 61 輸入要查詢函式庫_ADX

如下圖所示，在紅框處，我們看到找到 Adafruit 公司開發的 ADXL345 函式庫。

圖 62 找到 ADXL345 函式庫

如下圖所示，我們點選紅框處之『安裝按鈕』，進行安裝 Adafruit 公司開發的
ADXL345 函式庫。

圖 63 點選安裝按鈕

如下圖所示，我們可以看到安裝函式庫：Adafruit 公司開發的 ADXL345 函式
庫進行中。

圖 64 安裝函式庫中

如下圖所示，如果您查詢到的函式庫：如本書範例：Adafruit 公司開發的
ADXL345 函式庫，其紅框處之『安裝』已經反白或無法點選，則代表我們已
經成功安裝 Adafruit 公司開發的 ADXL345 函式庫。

圖 65 安裝函式庫完成

綜合如上述所有圖所示，筆者已經介紹如何安裝函式庫，相信讀者也可以觸類旁通，自行安裝所需的函式庫。

安裝 ESP32 Arduino 整合開發環境

首先我們先進入到 Arduino 官方網站的下載頁面：http://arduino.cc/en/Main/Software：

圖 66 Arduino IDE 開發軟體下載區

Arduino 的開發環境，有 Windows、Mac OS X、Linux 版本。本範例以 Windows 版本作為範例，請頁面下方點選「Windows Installer」下載 Windows 版本的開發環境。

如下圖所示，我們下載最新版 ARDUINO 開發工具：

圖 67 下載最新版 ARDUINO 開發工具

下載之後，請參閱本書之『Arduino 開發 IDE 安裝』，完成 Arduino 開發 IDE 之 Sketch 開發工具安裝，如下圖所示，已安裝好安裝好之 Arduino 開發 IDE。

圖 68 安裝好之 Arduino 開發 IDE

如下圖所示，我們先點選下圖之上面第一個紅框，點選『檔案』，接下來再點選下圖之上面第二個紅框，點選『偏好設定』。

圖 69 開啟偏好設定

如下圖所示，我們可以看到偏好設定主畫面。

圖 70 偏好設定主畫面

如下圖所示，我們點選下圖紅框處，打開點選額外開發板管員理網址。

圖 71 點選額外開發板管員理網址

如下圖所示，出現空白框讓您輸入額外開發板管員理網址。

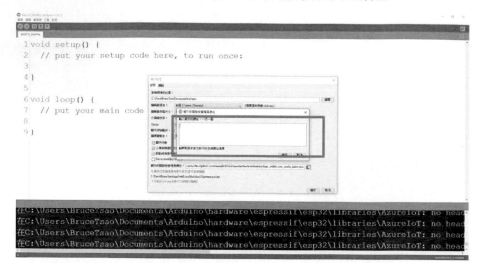

圖 72 出現空白框

如 下 圖 所 示 ， 請 輸 入 輸 入 ESP32 擴 充 網 址 ：
https://dl.espressif.com/dl/package_esp32_index.json，將之輸入再輸入框，如果讀者您
的輸入框已經已有其他資料，請將資料輸入再最上面一列(尤濬哲, 2019)。

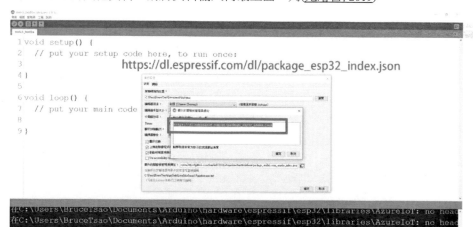

圖 73 輸入 ESP32 擴充網址

如下圖所示，點選下圖之紅框，完成 ESP32 擴充網址輸入。

圖 74 完成 ESP32 擴充網址輸入

如 下 圖 所 示 ， 我 們 發 現 ESP32 擴 充 網 址 ：

https://dl.espressif.com/dl/package_esp32_index.json，已在下圖左邊紅框處，請

再按下右邊紅框處，完成偏好設定。

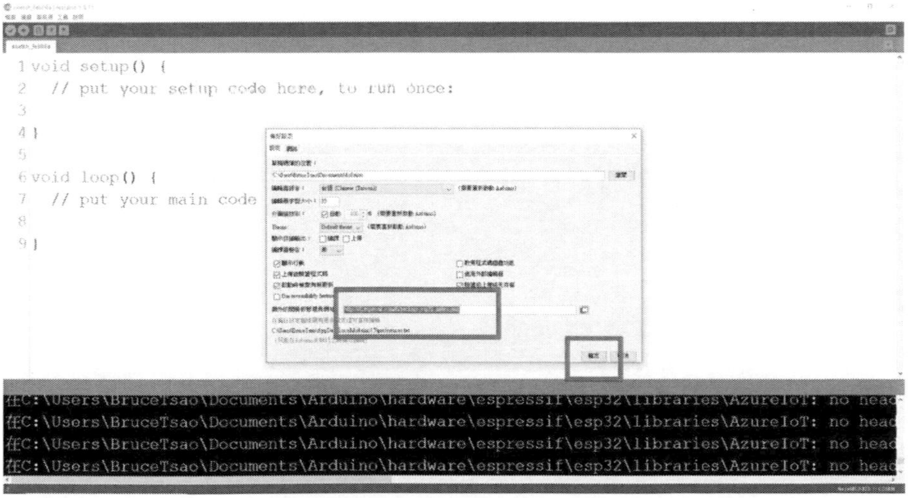

圖 75 完成偏好設定

如下圖所示，我們已回到 Arduino 開發 IDE 之主畫面。

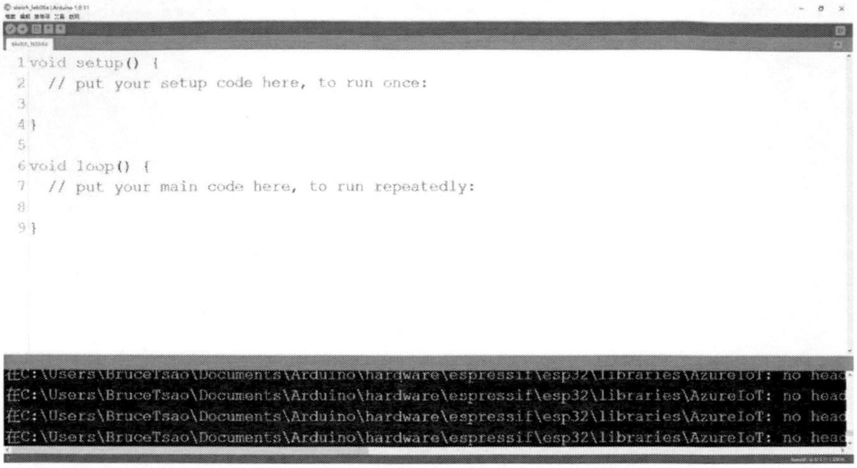

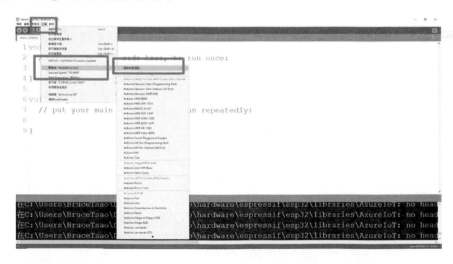

圖 76 回到主畫面

　　如下圖所示，請先點選下圖由上往下第一個紅框處：『工具』，再點選下圖由上
往下第二個紅框處：『開發板』，最後點選下圖由上往下第二列右邊的紅框處：『開
發板管理員』，打開開發板管理員。

圖 77 點選開發板管理員

如下圖所示，我們可以看到開發板管理員主畫面。

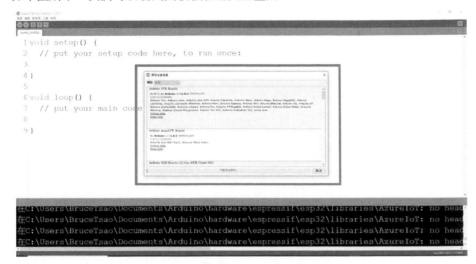

圖 78 開發板管理員主畫面

如下圖所示，我們可以看到下圖紅框處：可以輸入我們要搜尋的開發板名稱。

圖 79 開發板搜尋處

如下圖所示，請再下圖紅框處：輸入『ESP32』，再按下『enter』鍵。

圖 80 輸入 ESP32

如下圖所示,如下圖紅框處:出現可安裝之 ESP32 開發板程式。

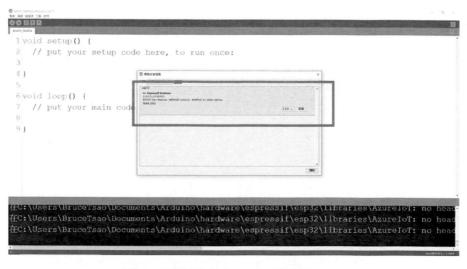

圖 81 出現可安裝之 ESP32 開發板

如下圖所示,請先點選下圖紅框處:我們可以查看可安裝版本。

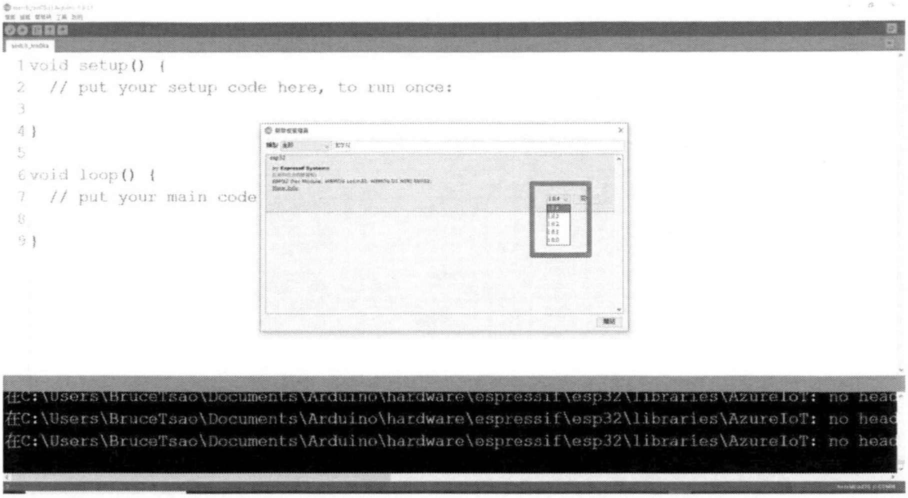

圖 82 查看可安裝版本

如下圖所示，我們點選下圖紅框處，安裝最新版本。

圖 83 安裝最新版本

如下圖所示，開始安裝 ESP32 開發板程式中。

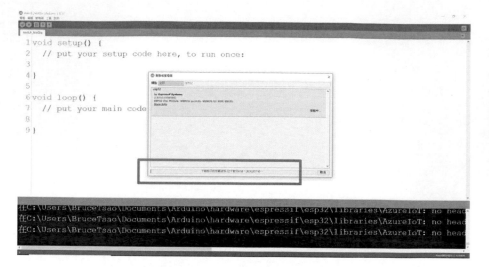

圖 84 安裝 ESP32 開發板程式中

如下圖所示，如果看到 ESP32 開發板程式，其紅框處之『安裝』已經反白或無法點選，則代表我們已經成功安裝 ESP32 開發板程式。

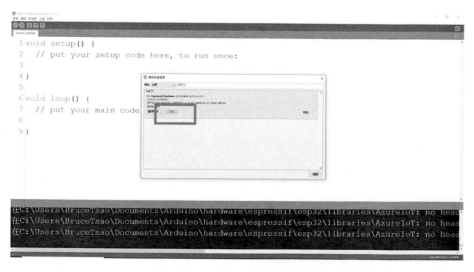

圖 85 完成安裝 ESP32 開發板程式

如下圖所示，我們點選下圖之紅框，離開開發板管理員。

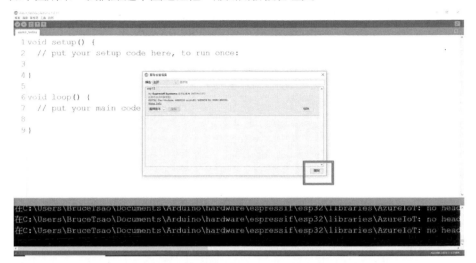

圖 86 離開開發板管理員

如下圖所示，我們回到 Arduino 開發 IDE 之主畫面。

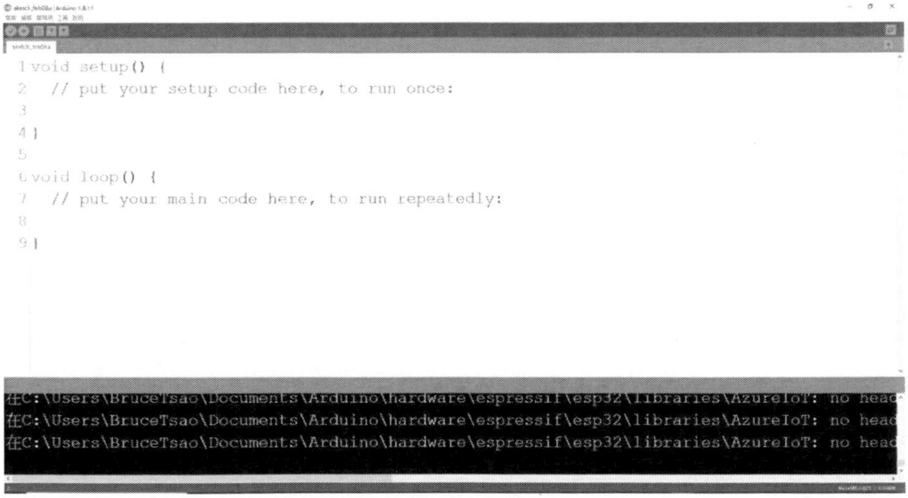

圖 87 Arduino 開發 IDE 之主畫面

　　如下圖所示，請先點選下圖由上往下第一個紅框處：『工具』，再點選下圖由上往下第二個紅框處：『開發板』，最後再下圖右邊大紅框中選擇大紅框內的小紅框處：『NodeMCU-32S』，如果找不到，可以用滑鼠的滾輪上下捲動，或是點選下圖右邊大紅框中上下邊緣的三角形進行上下捲動，找到您要選擇的開發板。

筆者是選擇『NodeMCU-32S』，為選擇 NodeMCU-32S Lua WiFi 物聯網開發板。

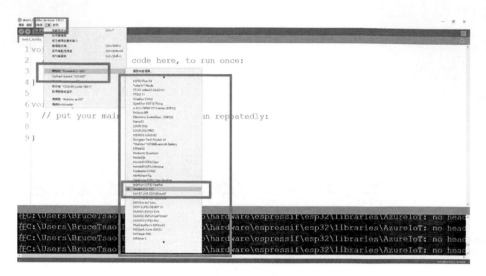

圖 88 選擇 ESP32S 開發板

如下圖所示，請先點選下圖由上往下第一個紅框處：『工具』，再點選下圖由上往下第二個紅框處：『通訊埠』，最後再下圖右邊紅框中，選擇您開發板的通訊埠，如果找不到，請讀者再查閱本書『安裝 ESP 開發板的 CP210X 晶片 USB 驅動程式』內容，即可了解安裝開發板之通訊埠為何。

圖 89 設定 ESP32S 開發板通訊埠

如下圖所示，我們完成完成 ESP32S 開發板設定。

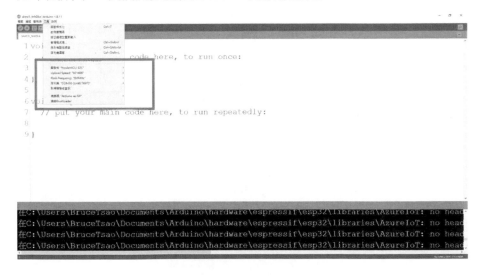

圖 90 完成 ESP32S 開發板設定

如上圖所示，我們完成 ESP32S 開發板設定，就可以開始本書所有的 ESP32S
開發板程式燒錄的工作了。

WEMOS D1 WIFI 物聯網開發板安裝ARDUINO 整合開發環境

首先我們先進入到 Arduino 官方網站的下載頁面：http://arduino.cc/en/Main/Software：

圖 91 Arduino IDE 開發軟體下載區

Arduino 的開發環境，有 Windows、Mac OS X、Linux 版本。本範例以 Windows 版本作為範例，請頁面下方點選「Windows Installer」下載 Windows 版本的開發環境(曹永忠，2020a，2020b，2020f)。

如下圖所示，我們下載最新版 ARDUINO 開發工具：

圖 92 下載最新版 ARDUINO 開發工具

下載之後，請『【物聯網系統開發】Arduino開發的第一步：學會IDE安裝，跨出Maker第一步』一文（曹永忠，2020a，2020b，2020f），網址：http://www.techbang.com/posts/76153-first-step-in-development-arduino-development-ide-installation，完成 Arduino 開發 IDE 之 Sketch 開發工具安裝，如下圖所示，已安裝好 Arduino 開發 IDE 環境。

圖 93 安裝好之 Arduino 開發 IDE

　　如下圖所示，我們先點選下圖之上面第一個紅框，點選『檔案』，接下來再點選下圖之上面第二個紅框，點選『偏好設定』。

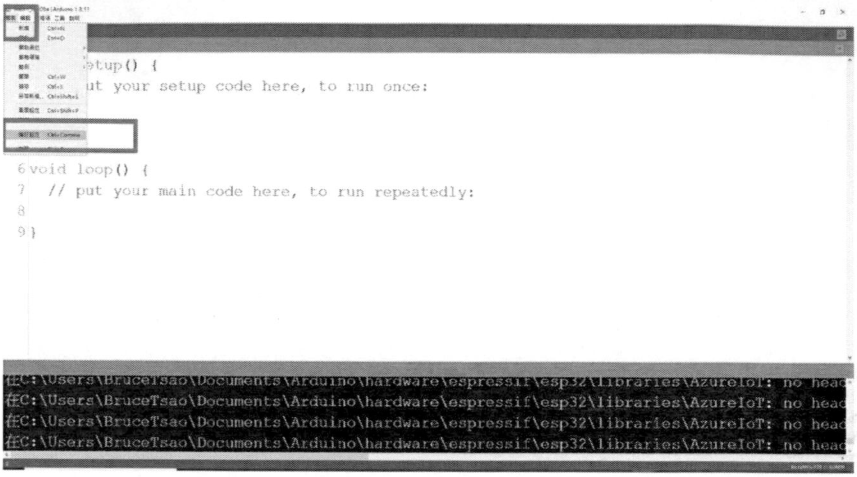

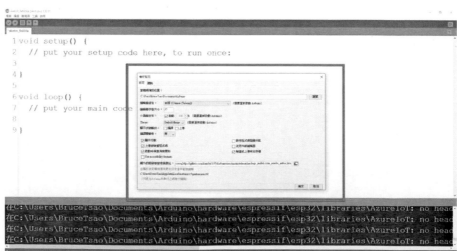

圖 94 開啟偏好設定

　　如下圖所示，我們可以看到偏好設定主畫面。

圖 94 開啟偏好設定

圖 95 偏好設定主畫面

如下圖所示，我們點選下圖紅框處，打開點選額外開發板管員理網址。

圖 96 點選額外開發板管員理網址

如下圖所示，出現空白框讓您輸入額外開發板管員理網址。

圖 97 出現空白框

　如 下 圖 所 示 , 請 輸 入 輸 入 ESP8266 擴 充 網 址 :
http://arduino.esp8266.com/stable/package_esp8266com_index.json,將之輸入再輸入框,
如果讀者您的輸入框已經已有其他資料,請將資料輸入再最上面一列。

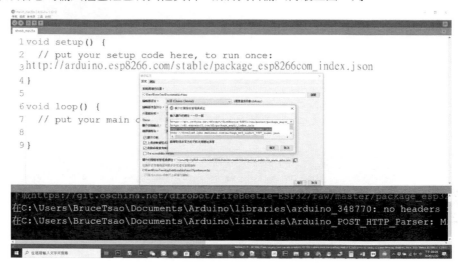

圖 98 輸入 ESP8266 擴充網址

如下圖所示,點選下圖之紅框,完成 ESP8266 擴充網址輸入。

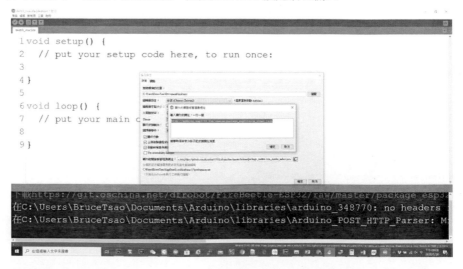

圖 99 完成 ESP8266 擴充網址輸入

如 下 圖 所 示 ， 我 們 發 現 ESP8266 擴 充 網 址 ：
http://arduino.esp8266.com/stable/package_esp8266com_index.json，已在下圖左邊紅框
處，請再按下右邊紅框處，完成偏好設定。

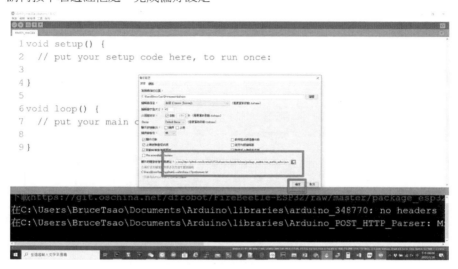

圖 100 完成偏好設定

如下圖所示，我們已回到 Arduino 開發 IDE 之主畫面。

圖 101 回到主畫面

如下圖所示，請先點選下圖由上往下第一個紅框處：『工具』，再點選下圖由上往下第二個紅框處：『開發板』，最後點選下圖由上往下第二列右邊的紅框處：『開發板管理員』，打開開發板管理員。

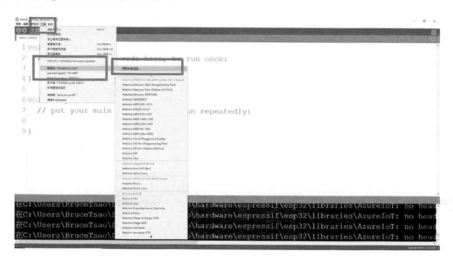

圖 102 點選開發板管理員

如下圖所示，我們可以看到開發板管理員主畫面。

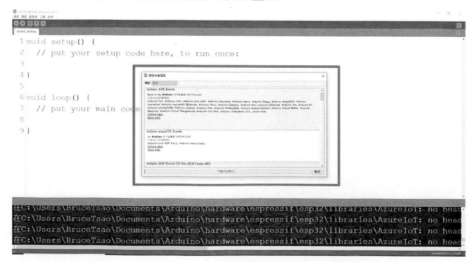

圖 103 開發板管理員主畫面

如下圖所示，我們可以看到下圖紅框處：可以輸入我們要搜尋的開發板名稱。

圖 104 開發板搜尋處

如下圖所示，請再下圖紅框處：輸入『ESP』，再按下『enter』鍵。

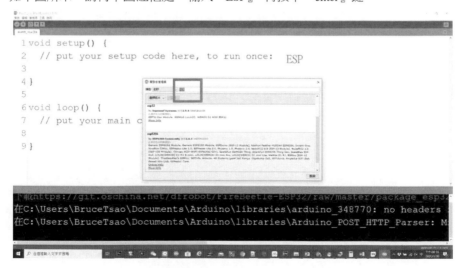

圖 105 輸入 ESP

如下圖所示，如下圖紅框處：出現可安裝之 ESP8266 開發板程式。

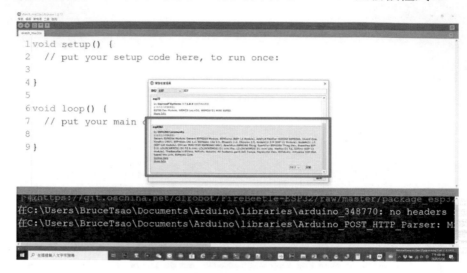

圖 106 出現可安裝之 ESP8266 開發板

如下圖所示，請先點選下圖紅框處：我們可以查看可安裝版本。

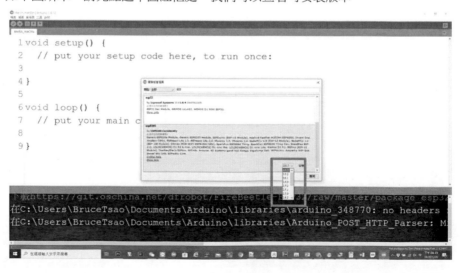

圖 107 查詢可安裝版本

如下圖所示，我們點選下圖紅框處，安裝最新版本。

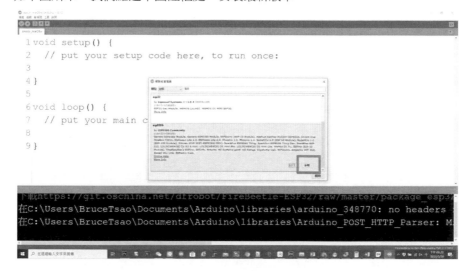

圖 108 安裝最新版本

如下圖所示，開始安裝 ESP32 開發板程式中。

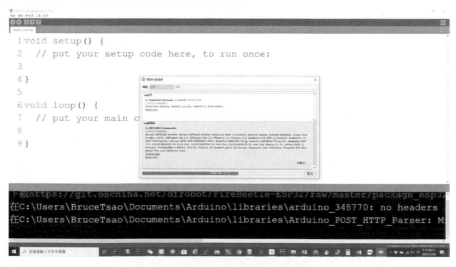

圖 109 安裝 ESP8266 開發板程式中

如下圖所示，如果看到 ESP8266 開發板程式，其紅框處之『安裝』已經反白或無法點選，則代表我們已經成功安裝 ESP8266 開發板程式。

圖 110 完成安裝 ESP8266 開發板程式

如下圖所示，我們點選下圖之紅框，離開開發板管理員。

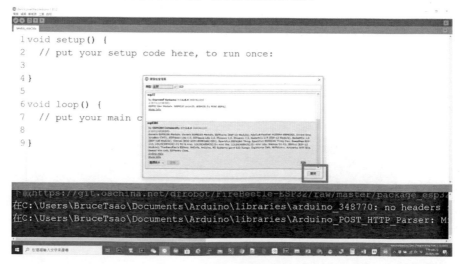

圖 111 離開開發板管理員

如下圖所示，我們回到 Arduino 開發 IDE 之主畫面。

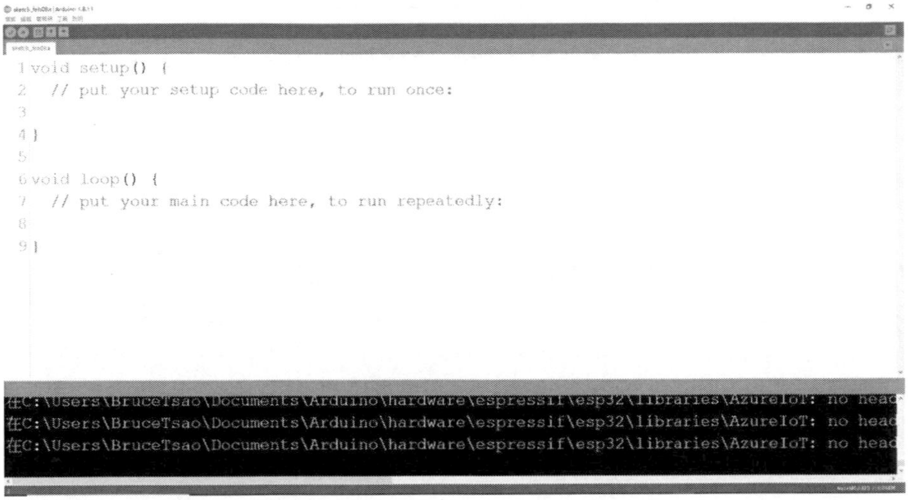

圖 112 Arduino 開發 IDE 之主畫面

如下圖所示，請先點選下圖由上往下第一個紅框處：『工具』，再點選下圖由上往下第二個紅框處：『開發板』，最後再下圖右邊大紅框中選擇大紅框內的小紅框處：『WeMOS D1 R1』，如果找不到，可以用滑鼠的滾輪上下捲動，或是點選下圖右邊大紅框中上下邊緣的三角形進行上下捲動，找到您要選擇的開發板。

筆者是選擇『WeMOS D1 R1』，為選擇 WeMos D1 WIFI 物聯網開發板。

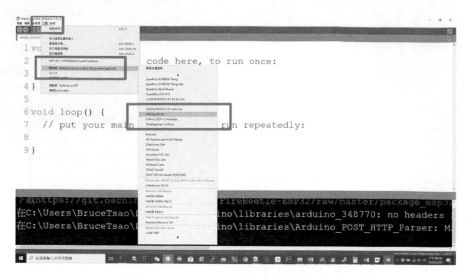

圖 113 選擇 WeMOS D1 R1 開發板

如下圖所示，請先點選下圖由上往下第一個紅框處：『工具』，再點選下圖由上往下第二個紅框處：『通訊埠』，最後再下圖右邊紅框中，選擇您開發板的通訊埠，如果找不到，請讀者再查閱上篇文章『WEMOS D1 WIFI 物聯網開發板驅動程式』內容(曹永忠, 2020a, 2020b) (尤濬哲, 2019; 曹永忠, 2020a, 2020b, 2020c, 2020d, 2020e, 2020f)，即可了解安裝開發板之通訊埠為何。

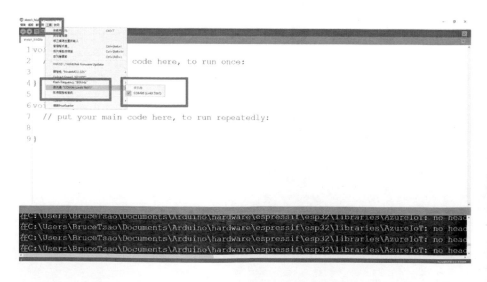

圖 114 設定 WeMos D1 WIFI 物聯網開發板通訊埠

如下圖所示，我們完成完成 E WeMos D1 WIFI 物聯網開發板設定。

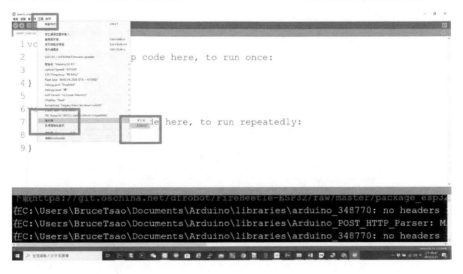

圖 115 完成 WeMos D1 WIFI 物聯網開發板設定

如上圖所示，我們完成 ESP8266 系列的開發版之安裝 ARDUINO 整合開發環境，就可以開始 WeMos D1 WIFI 物聯網開發板程式燒錄的工作了。

章節小結

本章主要介紹之 ESP 32 開發板介紹，開發環境安裝與設定，透過本章節的解說，相信讀者會對 ESP 32 開發板認識，有更深入的了解與體認。

2
CHAPTER

基礎 IO 篇

本章主要介紹讀者如何使用 ESP 32 開發板來控制基本的輸入/輸出 (INPUT/OUTPUT:I/O)的用法與程式範例，希望讀者可以了解如何使用最基礎的輸入、輸出(INPUT/OUTPUT:I/O)的用法。

控制 LED 發光二極體

本書主要是教導讀者可以如何使用發光二極體來發光，進而使用全彩的發光二極體來產生各類的顏色，由維基百科[3]中得知：發光二極體（英語：Light-emitting diode，縮寫：LED）是一種能發光的半導體電子元件，透過三價與五價元素所組成的複合光源。此種電子元件早在 1962 年出現，早期只能夠發出低光度的紅光，被惠普買下專利後當作指示燈利用。及後發展出其他單色光的版本，時至今日，能夠發出的光已經遍及可見光、紅外線及紫外線，光度亦提高到相當高的程度。用途由初時的指示燈及顯示板等；隨著白光發光二極體的出現，近年逐漸發展至被普遍用作照明用途(維基百科, 2016)。

發光二極體只能夠往一個方向導通（通電），叫作順向偏壓，當電流流過時，電子與電洞在其內重合而發出單色光，這叫電致發光效應，而光線的波長、顏色跟其所採用的半導體物料種類與故意摻入的元素雜質有關。具有效率高、壽命長、不易破損、反應速度快、可靠性高等傳統光源不及的優點。白光 LED 的發光效率近年有所進步；每千流明成本，也因為大量的資金投入使價格下降，但成本仍遠高於其他的傳統照明。雖然如此，近年仍然越來越多被用在照明用途上(維基百科, 2016)。

讀者可以在市面上，非常容易取得發光二極體，價格、顏色應有盡有，可於一

---

[3] 維基百科由非營利組織維基媒體基金會運作，維基媒體基金會是在美國佛羅里達州登記的 501(c)(3)免稅、非營利、慈善機構(https://zh.wikipedia.org/)

般電子材料行、電器行或網際網路上的網路商城、雅虎拍賣(https://tw.bid.yahoo.com/)、露天拍賣(http://www.ruten.com.tw/)、PChome 線上購物(http://shopping.pchome.com.tw/)、PCHOME 商店街(http://www.pcstore.com.tw/)...等等，購買到發光二極體。

發光二極體

如下圖所示，我們可以購買您喜歡的發光二極體，來當作第一次的實驗。

圖 116 發光二極體

如下圖所示，我們可以在維基百科中，找到發光二極體的組成元件圖(維基百科, 2016)。

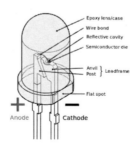

圖 117 發光二極體內部結構

資料來源:Wiki

https://zh.wikipedia.org/wiki/%E7%99%BC%E5%85%89%E4%BA%8C%E6%A5%B5%E7%AE%A1(維基百科, 2016)

控制發光二極體發光

如下圖所示,這個實驗我們需要用到的實驗硬體有下圖.(a)的 ESP 32 開發板、下圖.(b) MicroUSB 下載線、下圖.(c)發光二極體、下圖.(d) 220 歐姆電阻:

(a). NodeMCU 32S開發板

(b). MicroUSB 下載線

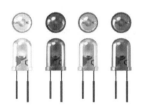

(c). 發光二極體

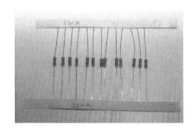

(d).220歐姆電阻

圖 118 控制發光二極體發光所需材料表

讀者可以參考下圖所示之控制發光二極體發光連接電路圖,進行電路組立。

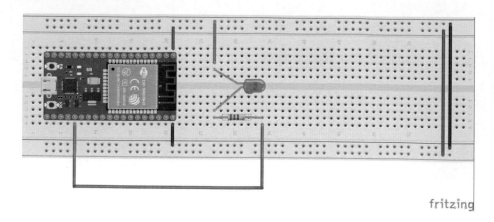

圖 119 控制發光二極體發光連接電路圖

讀者也可以參考下表之控制發光二極體發光接腳表，進行電路組立。

表 1 控制發光二極體發光接腳表

接腳	接腳說明	開發板接腳
1	麵包板 Vcc(紅線)	接電源正極(5V)
2	麵包板 GND(藍線)	接電源負極
3	220 歐姆電阻 A 端	開發板 GPIO2
4	220 歐姆電阻 B 端	LED 發光二極體(正極端)
5	LED 發光二極體(正極端)	220 歐姆電阻 B 端
6	LED 發光二極體(負極端)	麵包板 GND(藍線)

我們遵照前幾章所述，將 ESP 32 開發板的驅動程式安裝好之後，我們打開 ESP
32 開發板的開發工具：Sketch IDE 整合開發軟體(安裝 Arduino 開發環境，請參考本
文之『Arduino 開發 IDE 安裝』，安裝 ESP 32 開發板 SDK 請參考本文之『安裝 ESP32

Arduino 整合開發環境』)，攥寫一段程式，如下表所示之控制發光二極體測試程式，控制發光二極體明滅測試(曹永忠, 2016d; 曹永忠, 吳佳駿, 許智誠, & 蔡英德, 2016a, 2016b, 2016c, 2016d, 2017a, 2017b, 2017c; 曹永忠, 許智誠, & 蔡英德, 2015a, 2015d, 2015e, 2015f, 2016a, 2016b; 曹永忠, 郭晉魁, 吳佳駿, 許智誠, & 蔡英德, 2016, 2017)。

表 2 控制發光二極體測試程式

控制發光二極體測試程式(Blink)

// the setup function runs once when you press reset or power the board
void setup() {
  // initialize digital pin LED_BUILTIN as an output.
  pinMode(2, OUTPUT);
}
 	
// the loop function runs over and over again forever
void loop() {
  digitalWrite(2, HIGH);   // turn the LED on (HIGH is the voltage level)
  delay(3000);   // wait for a second
  digitalWrite(2, LOW);   // turn the LED off by making the voltage LOW
  delay(3000);   // wait for a second
}

程式下載：https://github.com/brucetsao/ESP_IOT_Programming

如下圖所示，我們可以看到控制發光二極體測試程式結果畫面。

圖 120 控制發光二極體測試程式結果畫面

控制雙色 LED 發光二極體

上節介紹控制發光二極體明滅，相信讀者應該可以駕輕就熟，本章介紹雙色發光二極體，雙色發光二極體用於許多產品開發者於產品狀態指示使用(曹永忠, 許智誠, & 蔡英德, 2015b, 2015g; 曹永忠, 許智誠, et al., 2016a, 2016b)。

讀者可以在市面上，非常容易取得雙色發光二極體，價格、顏色應有盡有，可於一般電子材料行、電器行或網際網路上的網路商城、雅虎拍賣(https://tw.bid.yahoo.com/)、露天拍賣(http://www.ruten.com.tw/)、PChome 線上購物(http://shopping.pchome.com.tw/)、PCHOME 商店街(http://www.pcstore.com.tw/)...等等，購買到雙色發光二極體。

雙色發光二極體

如下圖所示，我們可以購買您喜歡的雙色發光二極體，來當作第一次的實驗。

圖 121 雙色發光二極體

如上圖所示，接腳跟一般發光二極體的組成元件圖(維基百科, 2016)類似，只是在製作上把兩個發光二極體做在一起，把共地或共陽的腳位整合成一隻腳位。

控制雙色發光二極體發光

如下圖所示，這個實驗我們需要用到的實驗硬體有下圖.(a)的 ESP 32 開發板、下圖.(b) MicroUSB 下載線、下圖.(c)雙色發光二極體、下圖.(d) 220 歐姆電阻：

(a). NodeMCU 32S開發板   (b). MicroUSB 下載線

 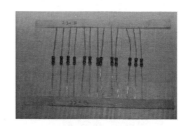

(c). 雙色發光二極體   (d).220歐姆電阻

圖 122 控制雙色發光二極體需材料表

讀者可以參考下圖所示之控制雙色發光二極體連接電路圖,進行電路組立。

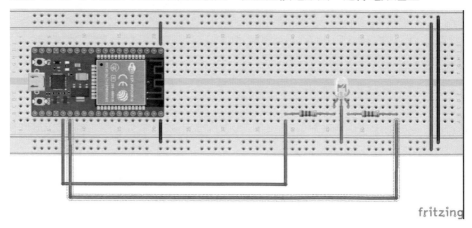

圖 123 控制雙色發光二極體發光連接電路圖

讀者也可以參考下表之控制雙色發光二極體接腳表,進行電路組立。

表 3 控制雙色發光二極體接腳表

接腳	接腳說明	開發板接腳
1	麵包板 Vcc(紅線)	接電源正極(5V)
2	麵包板 GND(藍線)	接電源負極
3	220 歐姆電阻 A 端(1 號)	開發板 GPIO2
3A	220 歐姆電阻 A 端(2 號)	開發板 GPIO4
4	220 歐姆電阻 B 端(1/2 號)	LED 發光二極體(正極端)
5	LED 發光二極體(G 端:綠色)	220 歐姆電阻 B 端(1 號)
5	LED 發光二極體(R 端:紅色)	220 歐姆電阻 B 端(2 號)
6	LED 發光二極體(負極端)	麵包板 GND(藍線)

 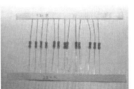

我們遵照前幾章所述，將 ESP 32 開發板的驅動程式安裝好之後，我們打開 ESP 32 開發板的開發工具：Sketch IDE 整合開發軟體(安裝 Arduino 開發環境，請參考本文之『Arduino 開發 IDE 安裝』，安裝 ESP 32 開發板 SDK 請參考本文之『安裝 ESP32 Arduino 整合開發環境』)，攥寫一段程式，如下表所示之控制雙色發光二極體測試程式，控制雙色發光二極體明滅測試(曹永忠, 2016d; 曹永忠, 吳佳駿, et al., 2016a, 2016b, 2017c; 曹永忠, 郭晉魁, et al., 2016, 2017)。

表 4 控制雙色發光二極體測試程式

控制雙色發光二極體測試程式(DualLed_Light)
#define Led_Green_Pin 2 #define Led_Red_Pin 4

```
// the setup function runs once when you press reset or power the board
void setup() {
  // initialize digital pin Blink_Led_Pin as an output.
  pinMode(Led_Red_Pin, OUTPUT);        //定義 Led_Red_Pin 為輸出腳位
  pinMode(Led_Green_Pin, OUTPUT);       //定義 Led_Green_Pin 為輸出腳位
  digitalWrite(Led_Red_Pin,LOW) ;
  digitalWrite(Led_Green_Pin,LOW) ;

}

// the loop function runs over and over again forever
void loop() {
  digitalWrite(Led_Green_Pin, HIGH);
  delay(3000);                    //休息 1 秒  wait for a second
  digitalWrite(Led_Green_Pin, LOW);
  delay(3000);                    // 休息 1 秒  wait for a second
  digitalWrite(Led_Red_Pin, HIGH);
  delay(3000);                    //休息 1 秒  wait for a second
  digitalWrite(Led_Red_Pin, LOW);
  delay(3000);                    // 休息 1 秒  wait for a second
  digitalWrite(Led_Green_Pin, HIGH);
  digitalWrite(Led_Red_Pin, HIGH);
  delay(3000);                    //休息 1 秒  wait for a second
  digitalWrite(Led_Green_Pin, LOW);
  digitalWrite(Led_Red_Pin, LOW);
  delay(3000);                    // 休息 1 秒  wait for a second
}
```

程式下載：https://github.com/brucetsao/ESP_IOT_Programming

　　讀者也可以在作者 YouTube 頻道(https://www.youtube.com/user/UltimaBruce)中，在網址 https://www.youtube.com/watch?v=R6Uehgn_tIE，看到本次實驗-控制雙色發光二極體測試程式結果畫面。

　　如下圖所示，我們可以看到控制雙色發光二極體測試程式結果畫面。

圖 124 控制雙色發光二極體測試程式結果畫面

取得開發板晶片編號

　　ESP 32 開發板有一個特殊的晶片編號，可以用來辨識開發板唯一資訊，在網路連接議題上，這是除了網路卡編號(MAC address)之外，在資訊安全上，佔著很重要的關鍵因素，所以如何取得 ESP 32 開發板的晶片編號(Chip ID)，當然物聯網程式設計中非常重要的基礎元件，所以本節要介紹如何取得晶片編號(Chip ID)，透過攥寫程式來取得晶片編號(Chip ID)(曹永忠, 2016a, 2016e, 2016g, 2016l; 曹永忠, 吳佳駿, et al., 2016c, 2016d, 2017a, 2017b, 2017c; 曹永忠 et al., 2015a, 2015d, 2015e, 2015f; 曹永忠, 許智誠, & 蔡英德, 2015l, 2015n; 曹永忠, 許智誠, et al., 2016a, 2016b; 曹永忠, 郭晉魁, et al., 2017)。

取得晶片編號實驗材料

　　如下圖所示，這個實驗我們需要用到的實驗硬體有下圖.(a)的 ESP 32 開發板、

下圖.(b) MicroUSB 下載線：

(a). NodeMCU 32S開發板　　　　(b). MicroUSB 下載線

圖 125 取得晶片編號材料表

讀者可以參考下圖所示之取得自身網路卡編號連接電路圖，進行電路組立。

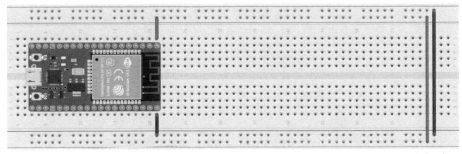

圖 126 取得自身晶片編號連接電路圖

　　我們遵照前幾章所述，將 ESP 32 開發板的驅動程式安裝好之後，我們打開 ESP 32 開發板的開發工具：Sketch IDE 整合開發軟體(安裝 Arduino 開發環境，請參考本文之『Arduino 開發 IDE 安裝』，安裝 ESP 32 開發板 SDK 請參考本文之『安裝 ESP32 Arduino 整合開發環境』)，攢寫一段程式，如下表所示之取得晶片編號測試程式，取得取得自身晶片編號。

表 5 取得晶片編號測試程式

取得晶片編號測試程式(GetChipID)

uint64_t chipid;
 	
void setup() {
    Serial.begin(9600);
}
 	
void loop() {
    chipid=ESP.getEfuseMac();//The chip ID is essentially its MAC address(length: 6 bytes).
    Serial.printf("ESP32 Chip ID = %04X",(uint16_t)(chipid>>32));//print High 2 bytes
    Serial.printf("%08X\n",(uint32_t)chipid);//print Low 4bytes.
 	
    delay(3000);
 	
}

程式下載：https://github.com/brucetsao/ESP_IOT_Programming

如下圖所示，我們可以看到取得自身網路卡編號結果畫面。

圖 127 取得晶片編號結果畫面

章節小結

本章主要介紹之 ESP 32 開發板使用與連接發光二極體或與連接雙色發光二極體，透過本章節的解說，相信讀者會對連接、使用發光二極體與雙色發光二極體，並控制明滅，有更深入的了解與體認。

CHAPTER

網路篇

本章主要介紹讀者如何使用 ESP 32 開發板使用網路基本資源，並瞭解如何聯上網際網路，並取得網路基本資訊，希望讀者可以了解如何使用網際網路與取得網路基本資訊的用法。

取得自身網路卡編號

在網路連接議題上，網路卡編號(MAC address)在資訊安全上，佔著很重要的關鍵因素，所以如何取得 ESP 32 開發板的網路卡編號(MAC address)，當然物聯網程式設計中非常重要的基礎元件，所以本節要介紹如何取得自身網路卡編號，透過攥寫程式來取得網路卡編號(MAC address)(曹永忠, 2016a, 2016e, 2016g, 2016l; 曹永忠, 吳佳駿, et al., 2016c, 2016d, 2017a, 2017b, 2017c; 曹永忠 et al., 2015a, 2015d, 2015e, 2015f, 2015l, 2015n; 曹永忠, 許智誠, et al., 2016a, 2016b; 曹永忠, 郭晉魁, et al., 2017)。

取得自身網路卡編號實驗材料

如下圖所示，這個實驗我們需要用到的實驗硬體有下圖.(a)的 ESP 32 開發板、下圖.(b) MicroUSB 下載線：

(a). NodeMCU 32S 開發板　　(b). MicroUSB 下載線

圖 128 取得自身網路卡編號材料表

讀者可以參考下圖所示之取得自身網路卡編號連接電路圖，進行電路組立。

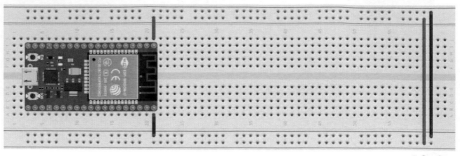

圖 129 取得自身網路卡編號連接電路圖

我們遵照前幾章所述，將 ESP 32 開發板的驅動程式安裝好之後，我們打開 ESP
32 開發板的開發工具：Sketch IDE 整合開發軟體(安裝 Arduino 開發環境，請參考本
文之『Arduino 開發 IDE 安裝』，安裝 ESP 32 開發板 SDK 請參考本文之『安裝 ESP32
Arduino 整合開發環境』)，攥寫一段程式，如下表所示之取得自身網路卡編號測試
程式，取得取得自身網路卡編號。

表 6 取得自身網路卡編號測試程式

取得自身網路卡編號測試程式(checkMac)

#include "WiFi.h"
#include <String.h>
 	
void setup(){
  Serial.begin(9600);
 	
  WiFi.mode(WIFI_MODE_STA);
 	
  Serial.println("");
  Serial.print("Mac Address :");
  Serial.println(WiFi.macAddress());
}
 	
void loop(){ }

程式下載：https://github.com/brucetsao/ESP_IOT_Programming

如下圖所示，我們可以看到取得自身網路卡編號結果畫面。

圖 130 取得自身網路卡編號結果畫面

取得環境可連接之無線基地台

在網路連接議題上，取得環境可連接之無線基地台是非常重要的一個關鍵點，當然如果知道可以上網的基地台，就直接連上就好，但是如果可以取得環境可連接之無線基地台的所有資訊，那將是一大助益，所以文將會教讀者如何取得取得環境可連接之無線基地台，透過攥寫程式來取得取得環境可連接之無線基地台(Access Point)。

取得環境可連接之無線基地台實驗材料

如下圖所示，這個實驗我們需要用到的實驗硬體有下圖.(a)的 ESP 32 開發板、

下圖.(b) MicroUSB 下載線：

(a). NodeMCU 32S開發板　　　　(b). MicroUSB 下載線

圖 131 取得環境可連接之無線基地台材料表

　　讀者可以參考下圖所示之取得環境可連接之無線基地台連接電路圖，進行電路組立。

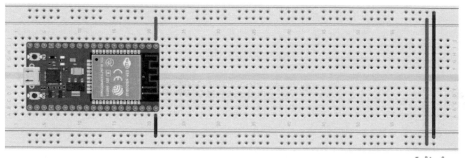

圖 132 取得環境可連接之無線基地台連接電路圖

　　我們遵照前幾章所述，將 ESP 32 開發板的驅動程式安裝好之後，我們打開 ESP 32 開發板的開發工具：Sketch IDE 整合開發軟體(安裝 Arduino 開發環境，請參考本文之『Arduino 開發 IDE 安裝』，安裝 ESP 32 開發板 SDK 請參考本文之『安裝 ESP32 Arduino 整合開發環境』)，攥寫一段程式，如下表所示之取得環境可連接之無線基地台測試程式，取得可以掃瞄到的無線基地台(Access Points)。

表 7 取得環境可連接之無線基地台測試程式

取得環境可連接之無線基地台測試程式(Scannetworks_ESP32)

```
/*
 * This sketch demonstrates how to scan WiFi networks.
 * The API is almost the same as with the WiFi Shield library,
 * the most obvious difference being the different file you need to include:
 */
#include "WiFi.h"

void setup()
{
    Serial.begin(9600);

    // Set WiFi to station mode and disconnect from an AP if it was previously connected
    WiFi.mode(WIFI_STA);
    WiFi.disconnect();
    delay(100);

    Serial.println("Setup done");
}

void loop()
{
    Serial.println("scan start");

    // WiFi.scanNetworks will return the number of networks found
    int n = WiFi.scanNetworks();
    Serial.println("scan done");
    if (n == 0) {
        Serial.println("no networks found");
    } else {
        Serial.print(n);
        Serial.println(" networks found");
        for (int i = 0; i < n; ++i) {
            // Print SSID and RSSI for each network found
            Serial.print(i + 1);
            Serial.print(": ");
            Serial.print(WiFi.SSID(i));
            Serial.print(" (");
```

```
        Serial.print(WiFi.RSSI(i));
        Serial.print(")");
        Serial.println((WiFi.encryptionType(i) == WIFI_AUTH_OPEN)?" ":"*");
        delay(10);
    }
}
Serial.println("");

// Wait a bit before scanning again
delay(5000);
}
```

如下圖所示，我們可以看到取得環境可連接之無線基地台。

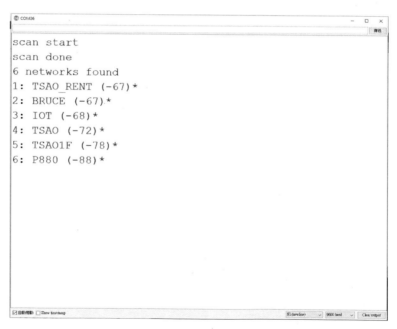

圖 133 取得環境可連接之無線基地台結果畫面

連接無線基地台

本文要介紹讀者如何透過連接無線基地台來上網，並了解 ESP 32 開發板如何透過外加網路函數來連接無線基地台(曹永忠, 2016h)。

連接無線基地台實驗材料

如下圖所示，這個實驗我們需要用到的實驗硬體有下圖.(a)的 ESP 32 開發板、下圖.(b) MicroUSB 下載線：

(a). NodeMCU 32S開發板　　　　(b). MicroUSB 下載線

圖 134 連接無線基地台材料表

讀者可以參考下圖所示之連接無線基地台連接電路圖，進行電路組立(曹永忠, 2016h)。

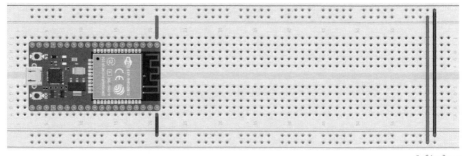

圖 135 連接無線基地台電路圖

我們遵照前幾章所述，將 ESP 32 開發板的驅動程式安裝好之後，我們打開 ESP 32 開發板的開發工具：Sketch IDE 整合開發軟體(安裝 Arduino 開發環境，請參考本文之『Arduino 開發 IDE 安裝』，安裝 ESP 32 開發板 SDK 請參考本文之『安裝 ESP32 Arduino 整合開發環境』)，攥寫一段程式，如下表所示之連接無線基地台測試程式，透過無線基地台連上網際網路。

表 8 連接無線基地台測試程式(密碼模式)

連接無線基地台測試程式(密碼模式) (WiFiAccessPoint_ESP32)

```
#include <WiFi.h>

#define LED_BUILTIN 2     // Set the GPIO pin where you connected your test LED or
comment this line out if your dev board has a built-in LED

// Set these to your desired credentials.
const char *ssid = "BRUCE";
const char *password = "12345678";


void setup() {
  pinMode(LED_BUILTIN, OUTPUT);
  digitalWrite(LED_BUILTIN,LOW) ;
  Serial.begin(9600);
  delay(10);

    // We start by connecting to a WiFi network

  Serial.println();
  Serial.println();
  Serial.print("Connecting to ");
  Serial.println(ssid);

  WiFi.begin(ssid, password);
```

```
    while (WiFi.status() != WL_CONNECTED)
    {
        delay(500);
        Serial.print(".");
    }
    digitalWrite(LED_BUILTIN,HIGH) ;
    Serial.println("");
    Serial.println("WiFi connected");
    Serial.println("IP address: ");
    Serial.println(WiFi.localIP());



}

void loop() {

}
```

程式下載：https://github.com/brucetsao/ESP_IOT_Programming

下表為連接無線基地台測試程式(無加密方式)之程式，若讀者使用無線基地台為無加密方式連線，則採用此程式。

表 9 連接無線基地台測試程式(無加密方式)

連接無線基地台測試程式(無加密方式)(WiFiAccessPoint_NoPWD_ESP32)

```
#include <WiFi.h>

#define LED_BUILTIN 2      // Set the GPIO pin where you connected your test LED or
comment this line out if your dev board has a built-in LED

// Set these to your desired credentials.
const char *ssid = "BRUCE";
```

```
void setup() {
  pinMode(LED_BUILTIN, OUTPUT);
  digitalWrite(LED_BUILTIN,LOW) ;
  Serial.begin(9600);
  delay(10);

    // We start by connecting to a WiFi network

    Serial.println();
    Serial.println();
    Serial.print("Connecting to ");
    Serial.println(ssid);

    WiFi.begin(ssid);

    while (WiFi.status() != WL_CONNECTED)
    {
        delay(500);
        Serial.print(".");
    }
    digitalWrite(LED_BUILTIN,HIGH) ;
    Serial.println("");
    Serial.println("WiFi connected");
    Serial.println("IP address: ");
    Serial.println(WiFi.localIP());


}

void loop() {

}
```

程式下載：https://github.com/brucetsao/ESP_IOT_Programming

如下圖所示，我們可以看到連接無線基地台結果畫面。

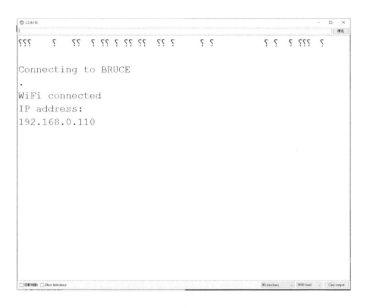

圖 136 連接無線基地台結果畫面

多部無線基地台自動連接

如果網路環境有許多無線基地台,但是不一定所有的無線基地台都開啟,如何在多部無線基地台中,自動找尋壹台可以上網地無線基地台,本文要介紹讀者如何在多部無線基地台中,自動找尋壹台可以上網地無線基地台上網,並了解 ESP 32 開發板如何透過外加網路函數來連接無線基地台(曹永忠, 2016h)。

多部無線基地台自動連接實驗材料

如下圖所示,這個實驗我們需要用到的實驗硬體有下圖.(a)的 ESP 32 開發板、下圖.(b) MicroUSB 下載線:

(a). NodeMCU 32S開發板　　　　　(b). MicroUSB　下載線

圖 137 連接無線基地台材料表

讀者可以參考下圖所示之多部無線基地台自動連接電路圖，進行電路組立(曹永忠, 2016h)。

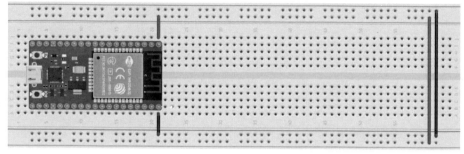

圖 138 多部無線基地台自動連接電路圖

我們遵照前幾章所述，將 ESP 32 開發板的驅動程式安裝好之後，我們打開 ESP 32 開發板的開發工具：Sketch IDE 整合開發軟體(安裝 Arduino 開發環境，請參考本文之『Arduino 開發 IDE 安裝』，安裝 ESP 32 開發板 SDK 請參考本文之『安裝 ESP32 Arduino 整合開發環境』)，撰寫一段程式，如下表所示之多部無線基地台自動連接測試程式，在多部無線基地台中，自動找尋壹台可以上網地無線基地台連上網際網路。

表 10 多部無線基地台自動連接(密碼模式)

多部無線基地台自動連接(WiFiMulti_ESP32)
/*

```
 *    This sketch trys to Connect to the best AP based on a given list
 *
 */

#include <WiFi.h>
#include <WiFiMulti.h>
#define LED_BUILTIN 2      // Set the GPIO pin where you connected your test LED or
comment this line out if your dev board has a built-in LED

WiFiMulti wifiMulti;

void setup()
{
  pinMode(LED_BUILTIN, OUTPUT);
  digitalWrite(LED_BUILTIN,LOW) ;
  Serial.begin(9600);
  delay(10);

    wifiMulti.addAP("BRUCE", "12345678");
    wifiMulti.addAP("Brucetsao", "12345678");

      Serial.println("Connecting Wifi...");
    if(wifiMulti.run() == WL_CONNECTED) {
        Serial.println("");
        Serial.print("Successful Connecting to Access Point:");
        Serial.println(WiFi.SSID());
        Serial.println("WiFi connected");
        Serial.println("IP address: ");
        Serial.println(WiFi.localIP());
    }

    digitalWrite(LED_BUILTIN,HIGH) ;
    Serial.println("");
    Serial.println("WiFi connected");
    Serial.println("IP address: ");
    Serial.println(WiFi.localIP());

}
```

```
void loop()
{

}
```

程式下載：https://github.com/brucetsao/ESP_IOT_Programming

　　如下圖所示，我們可以在多部無線基地台中，自動找尋壹台可以上網地無線基地台連上網際網路之結果畫面。

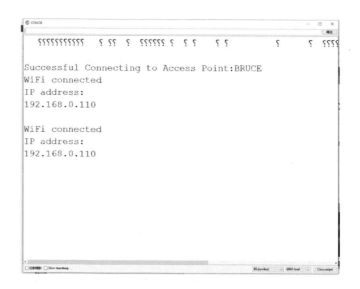

圖 139 多部無線基地台中自動連接無線基地台結果畫面

WPS 連接無線基地台

　　本文要介紹讀者如何透過連接無線基地台來上網，並了解 ESP 32 開發板如何透過外加網路函數來連接無線基地台(曹永忠, 2016h)。

WPS 連接無線基地台實驗材料

　　如下圖所示，這個實驗我們需要用到的實驗硬體有下圖.(a)的 ESP 32 開發板、

下圖.(b) MicroUSB 下載線：

(a). NodeMCU 32S開發板   (b). MicroUSB 下載線

圖 140 WPS 連接無線基地台材料表

讀者可以參考下圖所示之 WPS 連接無線基地台連接電路圖，進行電路組立(曹
永忠, 2016h)。

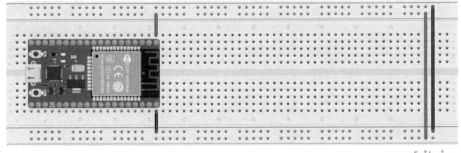

fritzing

圖 141WPS 連接無線基地台電路圖

我們遵照前幾章所述，將 ESP 32 開發板的驅動程式安裝好之後，我們打開 ESP
32 開發板的開發工具：Sketch IDE 整合開發軟體(安裝 Arduino 開發環境，請參考本
文之『Arduino 開發 IDE 安裝』，安裝 ESP 32 開發板 SDK 請參考本文之『安裝 ESP32
Arduino 整合開發環境』)，攥寫一段程式，如下表所示之 WPS 連接無線基地台測
試程式，透過無線基地台連上網際網路。

表 11 WPS 連接無線基地台測試程式(密碼模式)

WPS 連接無線基地台測試程式(密碼模式) (WPS_WiFiAccessPoint_ESP32)

```
/*
Example Code To Get ESP32 To Connect To A Router Using WPS
===========================================================
This example code provides both Push Button method and Pin
based WPS entry to get your ESP connected to your WiFi router.

Hardware Requirements
========================
ESP32 and a Router having atleast one WPS functionality

This code is under Public Domain License.

Author:
Pranav Cherukupalli <cherukupallip@gmail.com>
*/

#include "WiFi.h"
#include "esp_wps.h"
/*
Change the definition of the WPS mode
from WPS_TYPE_PBC to WPS_TYPE_PIN in
the case that you are using pin type
WPS
*/
#define ESP_WPS_MODE          WPS_TYPE_PBC
#define ESP_MANUFACTURER    "ESPRESSIF"
#define ESP_MODEL_NUMBER    "ESP32"
#define ESP_MODEL_NAME        "ESPRESSIF IOT"
#define ESP_DEVICE_NAME       "ESP STATION"

static esp_wps_config_t config;

void wpsInitConfig(){
    config.crypto_funcs = &g_wifi_default_wps_crypto_funcs;
    config.wps_type = ESP_WPS_MODE;
    strcpy(config.factory_info.manufacturer, ESP_MANUFACTURER);
    strcpy(config.factory_info.model_number, ESP_MODEL_NUMBER);
```

```
    strcpy(config.factory_info.model_name, ESP_MODEL_NAME);
    strcpy(config.factory_info.device_name, ESP_DEVICE_NAME);
}

String wpspin2string(uint8_t a[]){
    char wps_pin[9];
    for(int i=0;i<8;i++){
        wps_pin[i] = a[i];
    }
    wps_pin[8] = '\0';
    return (String)wps_pin;
}

void WiFiEvent(WiFiEvent_t event, system_event_info_t info){
    switch(event){
        case SYSTEM_EVENT_STA_START:
            Serial.println("Station Mode Started");
            break;
        case SYSTEM_EVENT_STA_GOT_IP:
            Serial.println("Connected to :" + String(WiFi.SSID()));
            Serial.print("Got IP: ");
            Serial.println(WiFi.localIP());
            break;
        case SYSTEM_EVENT_STA_DISCONNECTED:
            Serial.println("Disconnected from station, attempting reconnection");
            WiFi.reconnect();
            break;
        case SYSTEM_EVENT_STA_WPS_ER_SUCCESS:
            Serial.println("WPS Successfull, stopping WPS and connecting to: " +
String(WiFi.SSID()));
            esp_wifi_wps_disable();
            delay(10);
            WiFi.begin();
            break;
        case SYSTEM_EVENT_STA_WPS_ER_FAILED:
            Serial.println("WPS Failed, retrying");
            esp_wifi_wps_disable();
            esp_wifi_wps_enable(&config);
            esp_wifi_wps_start(0);
```

```
          break;
        case SYSTEM_EVENT_STA_WPS_ER_TIMEOUT:
          Serial.println("WPS Timedout, retrying");
          esp_wifi_wps_disable();
          esp_wifi_wps_enable(&config);
          esp_wifi_wps_start(0);
          break;
        case SYSTEM_EVENT_STA_WPS_ER_PIN:
          Serial.println("WPS_PIN = " + wpspin2string(info.sta_er_pin.pin_code));
          break;
        default:
          break;
    }
}

void setup(){
    Serial.begin(9600);
    delay(10);

    Serial.println();

    WiFi.onEvent(WiFiEvent);
    WiFi.mode(WIFI_MODE_STA);

    Serial.println("Starting WPS");

    wpsInitConfig();
    esp_wifi_wps_enable(&config);
    esp_wifi_wps_start(0);
}

void loop(){
    //nothing to do here
}
```

程式下載：https://github.com/brucetsao/ESP_IOT_Programming

如下圖所示，我們可以看到連接無線基地台結果畫面。

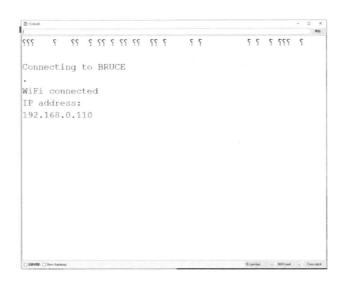

圖 142 連接無線基地台結果畫面

連接網際網路

　　本文要介紹讀者如何透過連接無線基地台來上網，並了解 ESP 32 開發板如何透過外加網路函數來連接無線基地台(曹永忠, 2016b, 2016d, 2016f, 2016h, 2016i, 2016j)，進而連上網際網路，並測試連上網站『www.google.com』，進行是否真的可以連上網際網路。

連接網際網路實驗材料

　　如下圖所示，這個實驗我們需要用到的實驗硬體有下圖.(a)的 ESP 32 開發板、下圖.(b) MicroUSB 下載線：

(a). NodeMCU 32S開發板　　　　　(b). MicroUSB 下載線

圖 143 連接網際網路材料表

讀者可以參考下圖所示之連接網際網路電路圖，進行電路組立(曹永忠, 2016h)。

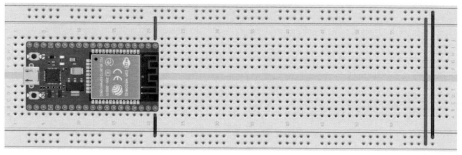

圖 144 連接網際網路電路圖

我們遵照前幾章所述，將 ESP 32 開發板的驅動程式安裝好之後，我們打開 ESP 32 開發板的開發工具：Sketch IDE 整合開發軟體(安裝 Arduino 開發環境，請參考本文之『Arduino 開發 IDE 安裝』，安裝 ESP 32 開發板 SDK 請參考本文之『安裝 ESP32 Arduino 整合開發環境』)，攥寫一段程式，如下表所示之連接網際網路測試程式，透過無線基地台連上網際網路，並實際連到網站進行測試。

表 12 連接網際網路測試程式

連接網際網路測試程式(WebAccess_ESP32)

```
#include <WiFi.h>
#include <WiFiClient.h>

#define LED_BUILTIN 2      // Set the GPIO pin where you connected your test LED or
comment this line out if your dev board has a built-in LED

// Set these to your desired credentials.
const char *ssid = "BRUCE";
const char *password = "12345678";

const char* server = "www.hinet.net";
int value = 0;
WiFiClient client;

void setup() {
  pinMode(LED_BUILTIN, OUTPUT);
  digitalWrite(LED_BUILTIN,LOW) ;
  Serial.begin(9600);
  delay(10);

    // We start by connecting to a WiFi network

    Serial.println();
    Serial.println();
    Serial.print("Connecting to ");
    Serial.println(ssid);

    WiFi.begin(ssid, password);

    while (WiFi.status() != WL_CONNECTED)
    {
        delay(500);
        Serial.print(".");
    }

    Serial.println("");
    Serial.println("WiFi connected");
    Serial.println("IP address: ");
    Serial.println(WiFi.localIP());
```

```
    //------------------
    Serial.println("\nStarting connection to server...");
    // if you get a connection, report back via serial:
    if (client.connect(server, 80))
    {
        Serial.println("connected to server");
        // Make a HTTP request:
        client.println("GET /search?q=ESP32 HTTP/1.1");
        client.println("Host: www.google.com");
        client.println("Connection: close");
        client.println();
    }
}

void loop() {
    // if there are incoming bytes available
    // from the server, read them and print them:
    while (client.available()) {
        char c = client.read();
        Serial.write(c);
    }

    // if the server's disconnected, stop the client:
    if (!client.connected()) {
        Serial.println();
        Serial.println("disconnecting from server.");
        client.stop();

        // do nothing forevermore:
        while (true);
    }
}
```

程式下載：https://github.com/brucetsao/ESP_IOT_Programming

如下圖所示，我們可以看到連接網際網路結果畫面。

圖 145 連接網際網路結果畫面

透過安全連線連接網際網路

本文要介紹讀者如何透過透過安全連線(SSL)連接無線基地台來上網，並了解 ESP 32 開發板如何透過外加安全連線(SSL)網路函數來連接無線基地台(曹永忠, 2016h)。

透過安全連線連接網際網路實驗材料

如下圖所示，這個實驗我們需要用到的實驗硬體有下圖.(a)的 ESP 32 開發板、下圖.(b) MicroUSB 下載線：

(a). NodeMCU 32S開發板 　　　　　 (b). MicroUSB　下載線

圖 146 透過安全連線連接網際網路材料表

　　讀者可以參考下圖所示之透過安全連線連接網際網路電路圖，進行電路組立
(曹永忠, 2016h)。

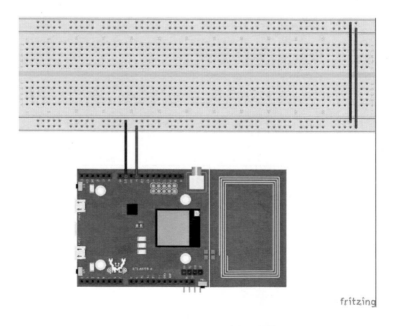

圖 147 透過安全連線連接網際網路電路圖

　　我們遵照前幾章所述，將 ESP 32 開發板的驅動程式安裝好之後，我們打開 ESP
32 開發板的開發工具：Sketch IDE 整合開發軟體(安裝 Arduino 開發環境，請參考本

文之『Arduino 開發 IDE 安裝』，安裝 ESP 32 開發板 SDK 請參考本文之『安裝 ESP32 Arduino 整合開發環境』)，攥寫一段程式，如下表所示之透過安全連線連接網際網路測試程式，使用安全連線方式透過無線基地台連上網際網路。

表 13 透過安全連線連接網際網路測試程式

透過安全連線連接網際網路測試程式(WiFiSSLClient)

```
#include <WiFi.h>

char ssid[] = "PM25";        // your network SSID (name)
char pass[] = "qq12345678";      // your network password
int keyIndex = 0;                  // your network key Index number (needed only for WEP)

int status = WL_IDLE_STATUS;

char server[] = "www.google.com";      // name address for Google (using DNS)
//unsigned char test_client_key[] = "";     //For the usage of verifying client
//unsigned char test_client_cert[] = "";   //For the usage of verifying client
//unsigned char test_ca_cert[] = "";        //For the usage of verifying server

WiFiSSLClient client;

void setup() {
  //Initialize serial and wait for port to open:
  Serial.begin(9600);
  while (!Serial) {
    ; // wait for serial port to connect. Needed for native USB port only
  }

  // check for the presence of the shield:
  if (WiFi.status() == WL_NO_SHIELD) {
    Serial.println("WiFi shield not present");
    // don't continue:
    while (true);
  }

  // attempt to connect to Wifi network:
```

```
  while (status != WL_CONNECTED) {
    Serial.print("Attempting to connect to SSID: ");
    Serial.println(ssid);
    // Connect to WPA/WPA2 network. Change this line if using open or WEP network:
    status = WiFi.begin(ssid,pass);

    // wait 10 seconds for connection:
    delay(10000);
  }
  Serial.println("Connected to wifi");
  printWifiStatus();

  Serial.println("\nStarting connection to server...");
  // if you get a connection, report back via serial:
  if (client.connect(server, 443)) { //client.connect(server, 443, test_ca_cert,
test_client_cert, test_client_key)
    Serial.println("connected to server");
    // Make a HTTP request:
    client.println("GET /search?q=realtek HTTP/1.0");
    client.println("Host: www.google.com");
    client.println("Connection: close");
    client.println();
  }
  else
  Serial.println("connected to server failed");

}

void loop() {
  // if there are incoming bytes available
  // from the server, read them and print them:
  while (client.available()) {
    char c = client.read();
    Serial.write(c);
  }

  // if the server's disconnected, stop the client:
  if (!client.connected()) {
    Serial.println();
```

```
      Serial.println("disconnecting from server.");
      client.stop();

      // do nothing forevermore:
      while (true);
  }
}


void printWifiStatus() {
  // print the SSID of the network you're attached to:
  Serial.print("SSID: ");
  Serial.println(WiFi.SSID());

  // print your WiFi shield's IP address:
  IPAddress ip = WiFi.localIP();
  Serial.print("IP Address: ");
  Serial.println(ip);

    // print your MAC address:
  byte mac[6];
  WiFi.macAddress(mac);
  Serial.print("MAC address: ");
  Serial.print(mac[0], HEX);
  Serial.print(":");
  Serial.print(mac[1], HEX);
  Serial.print(":");
  Serial.print(mac[2], HEX);
  Serial.print(":");
  Serial.print(mac[3], HEX);
  Serial.print(":");
  Serial.print(mac[4], HEX);
  Serial.print(":");
  Serial.println(mac[5], HEX);

  // print the received signal strength:
  long rssi = WiFi.RSSI();
  Serial.print("signal strength (RSSI):");
  Serial.print(rssi);
```

```
    Serial.println(" dBm");
}
```

程式下載：https://github.com/brucetsao/ESP_IOT_Programming

如下圖所示，我們可以看到透過安全連線連接網際網路結果畫面。

圖 148 透過安全連線連接網際網路結果畫面

章節小結

本章主要介紹之 ESP 32 開發板使用網路的基礎應用，相信讀者會對連接無線網路熱點，如何上網等網路基礎應用，有更深入的了解與體認。

CHAPTER

網路進階篇

本章主要介紹讀者如何使用 ESP 32 開發板來使用網路來建構網路伺服器等進階使用，並透過網路伺服器等方式，進行網路校時、建立網頁伺服器取得 I/O 資訊等等的用法。

建立簡單的網頁伺服器

以往在網路議題上，建立網頁伺服器是一件非常具有技術的技術，隨著科技技術演進，大量各類的函式庫開放與流通，建立一個簡單的網頁伺服器不再是遙不可及的一件事，使用 ESP 32 開發板來做建立一個簡單的網頁伺服器更非難事，所以本節要介紹如何建立簡單的網頁伺服器，透過攢寫程式來建立一個簡單的網頁伺服器(曹永忠, 2016b, 2016d, 2016f, 2016h, 2016i, 2016j; 曹永忠, 許智誠, & 蔡英德, 2015j, 2015k)。

建立簡單的網頁伺服器實驗材料

如下圖所示，這個實驗我們需要用到的實驗硬體有下圖.(a)的 ESP 32 開發板、下圖.(b) MicroUSB 下載線：

(a). NodeMCU 32S開發板   (b). MicroUSB 下載線

圖 149 建立簡單的網頁伺服器材料表

讀者可以參考下圖所示之建立簡單的網頁伺服器電路圖，進行電路組立。

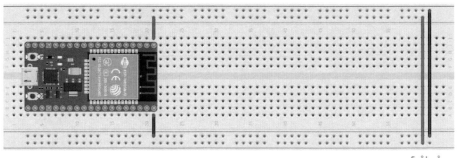

fritzing

圖 150 建立簡單的網頁伺服器連接電路圖

我們遵照前幾章所述，將 ESP 32 開發板的驅動程式安裝好之後，我們打開 ESP 32 開發板的開發工具：Sketch IDE 整合開發軟體(安裝 Arduino 開發環境，請參考本文之『Arduino 開發 IDE 安裝』，安裝 ESP 32 開發板 SDK 請參考本文之『安裝 ESP32 Arduino 整合開發環境』)，攥寫一段程式，如下表所示之建立簡單的網頁伺服器測試程式，建立一個簡單的網頁伺服器。

表 14 建立簡單的網頁伺服器測試程式

建立簡單的網頁伺服器測試程式(SimpleWiFiServer_ESP32S)

```
#include <WiFi.h>

const char* ssid       = "BRUCE";
const char* password = "12345678";
#define LED_BUILTIN 2

WiFiServer server(80);

void setup()
```

```
{
  pinMode(LED_BUILTIN, OUTPUT);
  digitalWrite(LED_BUILTIN,LOW) ;
  Serial.begin(9600);
  delay(1000);


    // We start by connecting to a WiFi network

    Serial.println();
    Serial.println();
    Serial.print("Connecting to ");
    Serial.println(ssid);

    WiFi.begin(ssid, password);

    while (WiFi.status() != WL_CONNECTED) {
        delay(500);
        Serial.print(".");
    }

    Serial.println("");
    Serial.print("Successful Connecting to Access Point:");
    Serial.println(WiFi.SSID());
    Serial.println("WiFi connected");
    Serial.println("IP address: ");
    Serial.println(WiFi.localIP());

    server.begin();

}

int value = 0;

void loop(){
  WiFiClient client = server.available();      // listen for incoming clients

  if (client) {                                // if you get a client,
    Serial.println("New Client.");             // print a message out the serial port
```

```arduino
    String currentLine = "";            // make a String to hold incoming data
from the client
    while (client.connected()) {        // loop while the client's connected
        if (client.available()) {       // if there's bytes to read from the client,
            char c = client.read();      // read a byte, then
            Serial.write(c);             // print it out the serial monitor
            if (c == '\n') {             // if the byte is a newline character

                // if the current line is blank, you got two newline characters in a row.
                // that's the end of the client HTTP request, so send a response:
                if (currentLine.length() == 0) {
                    // HTTP headers always start with a response code (e.g. HTTP/1.1 200 OK)
                    // and a content-type so the client knows what's coming, then a blank line:
                    client.println("HTTP/1.1 200 OK");
                    client.println("Content-type:text/html");
                    client.println();

                    // the content of the HTTP response follows the header:
                    client.print("Click <a href=\"/H\">here</a> to turn the LED on GPIo 2
on.<br>");
                    client.print("Click <a href=\"/L\">here</a> to turn the LED on GPIo 2
off.<br>");

                    // The HTTP response ends with another blank line:
                    client.println();
                    // break out of the while loop:
                    break;
                } else {    // if you got a newline, then clear currentLine:
                    currentLine = "";
                }
            } else if (c != '\r') {    // if you got anything else but a carriage return character,
                currentLine += c;       // add it to the end of the currentLine
            }

            // Check to see if the client request was "GET /H" or "GET /L":
            if (currentLine.endsWith("GET /H")) {
                digitalWrite(LED_BUILTIN, HIGH);                   // GET /H turns the
LED on
            }
```

```
        if (currentLine.endsWith("GET /L")) {
          digitalWrite(LED_BUILTIN, LOW);                    // GET /L turns the
LED off
        }
      }
    }
    // close the connection:
    client.stop();
    Serial.println("Client Disconnected.");
  }
}
```

程式下載：https://github.com/brucetsao/ESP_IOT_Programming

如下圖所示，我們可以看到建立簡單的網頁伺服器結果畫面。

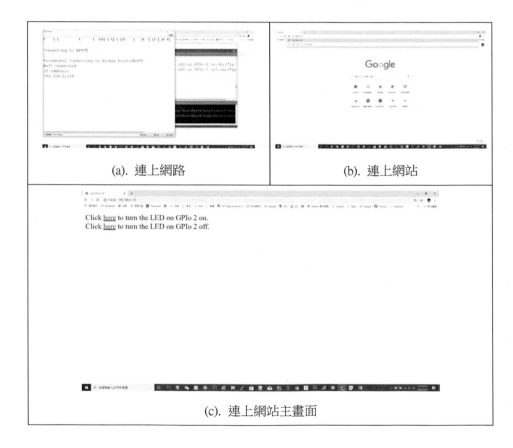

(a). 連上網路	(b). 連上網站

(c). 連上網站主畫面

(d). 打開 LED 燈	(e). 打開 LED 燈之監控畫面

(f). 打開 LED 燈實照

(g). 關閉 LED 燈	(h). 關閉 LED 燈監控畫面

(i). 關閉 LED 燈實照

圖 151 建立簡單的網頁伺服器結果畫面

透過燈號指示網頁伺服器連線中

　　以往在網路議題上，建立網頁伺服器是一件非常具有技術的技術，隨著科技技術演進，大量各類的函式庫開放與流通，建立一個簡單的網頁伺服器不再是遙不可及的一件事，使用 ESP 32 開發板來做建立一個簡單的網頁伺服器更非難事，所以本節要介紹如何建立簡單的網頁伺服器，透過攥寫程式來建立一個簡單的網頁伺服器(曹永忠, 2016h; 曹永忠 et al., 2015j, 2015k)。

　　本文於上節不同之處，在於在 ESP 32 開發板透過發光二極體燈號來指示目前是否有人連線到網頁伺服器之中。

透過燈號指示網頁伺服器連線中實驗材料

　　如下圖所示，這個實驗我們需要用到的實驗硬體有下圖.(a)的 ESP 32 開發板、下圖.(b) MicroUSB 下載線、下圖.(c)發光二極體、下圖.(d) 220 歐姆電阻：

(a). NodeMCU 32S開發板　　　　　(b). MicroUSB 下載線

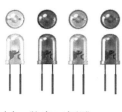

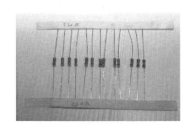

(c). 發光二極體　　　　　　　　　(d).220歐姆電阻

圖 152 透過燈號指示網頁伺服器連線中之材料表

　　讀者可以參考下圖所示之透過燈號指示網頁伺服器連線中電路圖，進行電路組立。

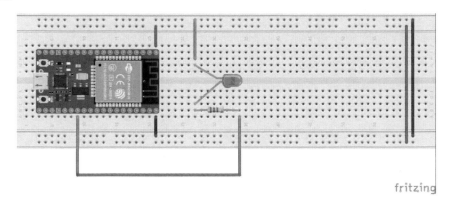

圖 153 透過燈號指示網頁伺服器連線中電路圖

　　我們遵照前幾章所述，將 ESP 32 開發板的驅動程式安裝好之後，我們打開 ESP 32 開發板的開發工具：Sketch IDE 整合開發軟體(安裝 Arduino 開發環境，請參考本文之『Arduino 開發 IDE 安裝』，安裝 ESP 32 開發板 SDK 請參考本文之『安裝 ESP32 Arduino 整合開發環境』)，攥寫一段程式，如下表所示之透過燈號指示網頁伺服器連線中測試程式，建立一個簡單的網頁伺服器，並透過燈號指示來顯示是否有人連入本網頁伺服器。

表 15 透過燈號指示網頁伺服器連線中測試程式

透過燈號指示網頁伺服器連線中測試程式(SimpleWiFiServer_withLED_ESP32S)

```
#include <WiFi.h>

const char* ssid     = "BRUCE";
const char* password = "12345678";
#define Access_LED 4

WiFiServer server(80);

void setup()
{
  pinMode(Access_LED, OUTPUT);
  digitalWrite(Access_LED,LOW) ;
  Serial.begin(9600);
  delay(1000);


    // We start by connecting to a WiFi network

    Serial.println();
    Serial.println();
    Serial.print("Connecting to ");
    Serial.println(ssid);

    WiFi.begin(ssid, password);

    while (WiFi.status() != WL_CONNECTED) {
        delay(500);
        Serial.print(".");
    }

    Serial.println("");
    Serial.print("Successful Connecting to Access Point:");
    Serial.println(WiFi.SSID());
    Serial.println("WiFi connected");
    Serial.println("IP address: ");
```

```
      Serial.println(WiFi.localIP());

    server.begin();

}

int value = 0;

void loop(){
  WiFiClient client = server.available();      // listen for incoming clients

   if (client) {                                  // if you get a client,
      Serial.println("New Client.");            // print a message out the serial port
      String currentLine = "";                   // make a String to hold incoming data
from the client
      while (client.connected()) {              // loop while the client's connected
        if (client.available()) {                // if there's bytes to read from the client,
          char c = client.read();                // read a byte, then
          Serial.write(c);                         // print it out the serial monitor
          if (c == '\n') {                          // if the byte is a newline character

            // if the current line is blank, you got two newline characters in a row.
            // that's the end of the client HTTP request, so send a response:
            if (currentLine.length() == 0) {
              // HTTP headers always start with a response code (e.g. HTTP/1.1 200 OK)
              // and a content-type so the client knows what's coming, then a blank line:
              client.println("HTTP/1.1 200 OK");
              client.println("Content-type:text/html");
              client.println();

              // the content of the HTTP response follows the header:
              client.print("Click <a href=\"/H\">here</a> to turn the LED on GPIo 4
on.<br>");
              client.print("Click <a href=\"/L\">here</a> to turn the LED on GPIo 4
off.<br>");

              // The HTTP response ends with another blank line:
              client.println();
              // break out of the while loop:
```

```
                break;
            } else {       // if you got a newline, then clear currentLine:
                currentLine = "";
            }
        } else if (c != '\r') {    // if you got anything else but a carriage return character,
            currentLine += c;          // add it to the end of the currentLine
        }

        // Check to see if the client request was "GET /H" or "GET /L":
        if (currentLine.endsWith("GET /H")) {
            digitalWrite(Access_LED, HIGH);                    // GET /H turns the
LED on
        }
        if (currentLine.endsWith("GET /L")) {
            digitalWrite(Access_LED, LOW);                     // GET /L turns the
LED off
        }
      }
    }
    // close the connection:
    client.stop();
    Serial.println("Client Disconnected.");
  }
}
```

程式下載：https://github.com/brucetsao/ESP_IOT_Programming

如下圖所示，我們可以看到透過燈號指示網頁伺服器連線中結果畫面。

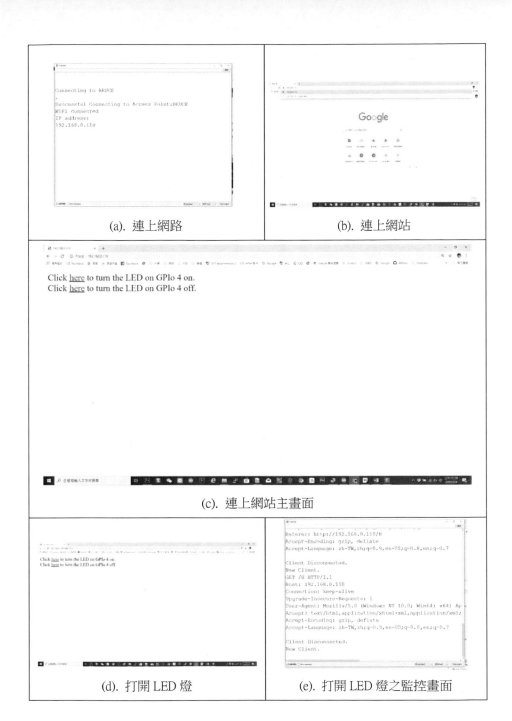

(a). 連上網路

(b). 連上網站

(c). 連上網站主畫面

(d). 打開 LED 燈

(e). 打開 LED 燈之監控畫面

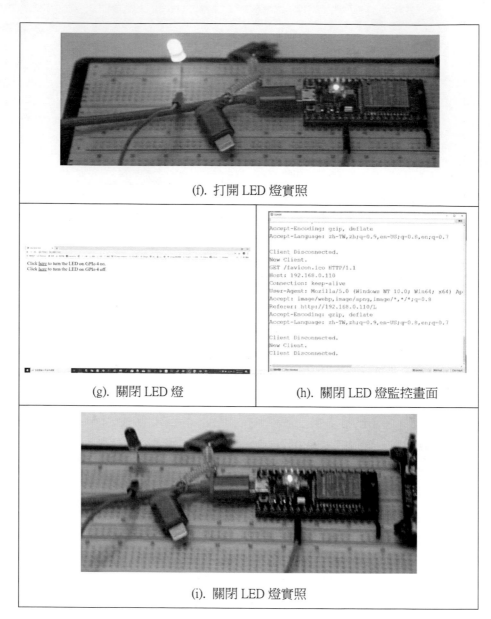

(f). 打開 LED 燈實照

(g). 關閉 LED 燈

(h). 關閉 LED 燈監控畫面

(i). 關閉 LED 燈實照

圖 154 透過燈號指示網頁伺服器連線中結果畫面

以無線基地台模式建立網頁伺服器

由於我們必須知道 ESP 32 開發板建立的網頁伺服器的網址(IP Addresc)，或透過 DDNS⁴的轉址，方能連接到 ESP 32 開發板建立的網頁伺服器，如果 ESP 32 開發板建立的網頁伺服器有處在虛擬網址(IP Address)上，如沒有 Port Mapping⁵或同一網域，更不可能連到 ESP 32 開發板建立的網頁伺服器。

所以如果我們可以讓 ESP 32 開發板以無線基地台模式建立網頁伺服器，上節中，我們已經可以讓 ESP 32 開發板當成一個無線基地台(Wifi Access Point)，我們也可以讓 ESP 32 開發板 ESP 32 開發板。

以無線基地台模式建立網頁伺服器實驗材料

如下圖所示，這個實驗我們需要用到的實驗硬體有下圖.(a)的 ESP 32 開發板、下圖.(b) MicroUSB 下載線：

(a). NodeMCU 32S開發板　　　　(b). MicroUSB 下載線

---

⁴ 動態 DNS（英語：Dynamic DNS，簡稱 DDNS）是域名系統（DNS）中的一種自動更新名稱伺服器(Name server)內容的技術。根據網際網路的域名訂立規則，域名必須跟從固定的 IP 位址。但動態 DNS 系統為動態網域提供一個固定的名稱伺服器（Name server），透過即時更新，使外界用戶能夠連上動態用戶的網址。(https://zh.wikipedia.org/wiki/%E5%8B%95%E6%85%8BDNS)

⁵ In computer networking, port forwarding or port mapping is an application of network address translation (NAT) that redirects a communication request from one address and port number combination to another while the packets are traversing a network gateway, such as a router or firewall. This technique is most commonly used to make services on a host residing on a protected or masqueraded (internal) network available to hosts on the opposite side of the gateway (external network), by remapping the destination IP address and port number of the communication to an internal host.(https://en.wikipedia.org/wiki/Port_forwarding)

圖 155 以無線基地台模式建立網頁伺服器材料表

讀者可以參考下圖所示之透過燈號指示網頁伺服器連線中電路圖，進行電路組立。

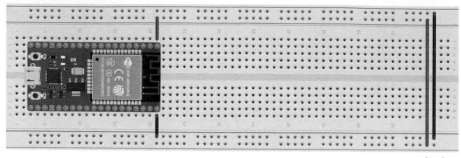

圖 156 以無線基地台模式建立網頁伺服器電路圖

我們遵照前幾章所述，將 ESP 32 開發板的驅動程式安裝好之後，我們打開 ESP 32 開發板的開發工具：Sketch IDE 整合開發軟體(安裝 Arduino 開發環境，請參考本文之『Arduino 開發 IDE 安裝』，安裝 ESP 32 開發板 SDK 請參考本文之『安裝 ESP32 Arduino 整合開發環境』)，攥寫一段程式，如下表所示之以無線基地台模式建立網頁伺服器測試程式，讓 ESP 32 開發板當成一個無線基地台(Wifi Access Point)之後，透過這台無線基地台(Wifi Access Point)當為一台網頁伺服器(曹永忠, 2016h)。

表 16 以無線基地台模式建立網頁伺服器測試程式

以無線基地台模式建立網頁伺服器測試程式(WIFIAPMODE_ESP32)

```
/*
WiFiAccessPoint.ino creates a WiFi access point and provides a web server on it.

Steps:
1. Connect to the access point "yourAp"
2. Point your web browser to http://192.168.4.1/H to turn the LED on or
http://192.168.4.1/L to turn it off
    OR
    Run raw TCP "GET /H" and "GET /L" on PuTTY terminal with 192.168.4.1 as IP
address and 80 as port
```

```
    Created for arduino-esp32 on 04 July, 2018
    by Elochukwu Ifediora (fedy0)
*/

#include <WiFi.h>
#include <WiFiClient.h>
#include <WiFiAP.h>

#define LED_BUILTIN 2      // Set the GPIO pin where you connected your test LED or
comment this line out if your dev board has a built-in LED

// Set these to your desired credentials.
const char *ssid = "ESP32";
const char *password = "12345678";

WiFiServer server(80);


void setup() {
    pinMode(LED_BUILTIN, OUTPUT);

    Serial.begin(115200);
    Serial.println();
    Serial.println("Configuring access point...");

    // You can remove the password parameter if you want the AP to be open.
    WiFi.softAP(ssid, password);
    IPAddress myIP = WiFi.softAPIP();
    Serial.print("AP IP address: ");
    Serial.println(myIP);
    server.begin();

    Serial.println("Server started");
}

void loop() {
    WiFiClient client = server.available();      // listen for incoming clients
```

```
    if (client) {                                   // if you get a client,
        Serial.println("New Client.");              // print a message out the serial port
        String currentLine = "";                    // make a String to hold incoming data
from the client
        while (client.connected()) {                // loop while the client's connected
            if (client.available()) {               // if there's bytes to read from the client,
                char c = client.read();             // read a byte, then
                Serial.write(c);                    // print it out the serial monitor
                if (c == '\n') {                    // if the byte is a newline character

                    // if the current line is blank, you got two newline characters in a row.
                    // that's the end of the client HTTP request, so send a response:
                    if (currentLine.length() == 0) {
                        // HTTP headers always start with a response code (e.g. HTTP/1.1 200 OK)
                        // and a content-type so the client knows what's coming, then a blank line:
                        client.println("HTTP/1.1 200 OK");
                        client.println("Content-type:text/html");
                        client.println();

                        // the content of the HTTP response follows the header:
                        client.print("Click <a href=\"/H\">here</a> to turn ON the LED.<br>");
                        client.print("Click <a href=\"/L\">here</a> to turn OFF the LED.<br>");

                        // The HTTP response ends with another blank line:
                        client.println();
                        // break out of the while loop:
                        break;
                    } else {       // if you got a newline, then clear currentLine:
                        currentLine = "";
                    }
                } else if (c != '\r') {    // if you got anything else but a carriage return character,
                    currentLine += c;      // add it to the end of the currentLine
                }

                // Check to see if the client request was "GET /H" or "GET /L":
                if (currentLine.endsWith("GET /H")) {
                    digitalWrite(LED_BUILTIN, HIGH);                      // GET /H turns the
LED on
                }
```

```
        if (currentLine.endsWith("GET /L")) {
            digitalWrite(LED_BUILTIN, LOW);                    // GET /L turns the
LED off
        }
    }
}
// close the connection:
client.stop();
Serial.println("Client Disconnected.");
    }
}
```

程式下載：https://github.com/brucetsao/ESP_IOT_Programming

如下圖所示，我們可以看到以無線基地台模式建立網頁伺服器。

圖 157 建立無線基地台

如下圖所示，我們連上 ESP32 無線基地台器。

圖 158 連上 ESP32 無線基地台器

如下圖所示，我們連上 ESP32 無線基地台器，需要輸入密碼，我們輸入『12345678』，以無線基地台模式建立網頁伺服器。

圖 159 輸入無線基地台密碼

如下圖所示，我們可以看到已連接上ESP32無線基地台。

圖 160 連接上ESP32無線基地台

如下圖所示，我們可以查詢網路共用中心。

圖 161 查詢網路共用中心

如下圖所示，我們進入網路連線。

圖 162 進入網路連線

如下圖所示，我們點選 WIFI 網路。

圖 163 點選 WIFI 網路

如下圖所示，我們可以看到顯示 WIFI 狀態。

圖 164 顯示 WIFI 狀態

如下圖所示，我們點選詳細資料。

圖 165 點選詳細資料

如下圖所示，我們可以看到顯示網路連線詳細資料。

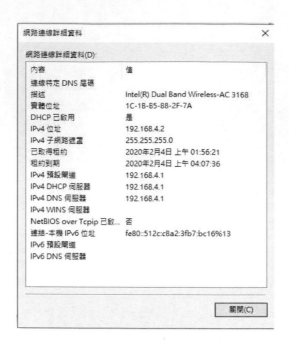

圖 166 顯示網路連線詳細資料

如下圖所示,我們可以看到顯示閘道器資訊。

圖 167 顯示閘道器資訊

如下圖所示，我們連上主機『192.168.4.1』。

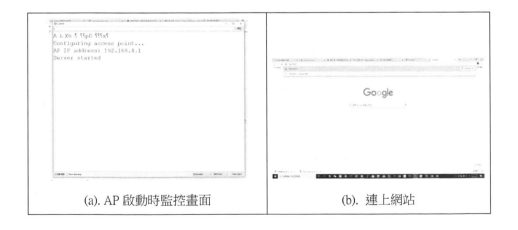

| (a). AP 啟動時監控畫面 | (b). 連上網站 |

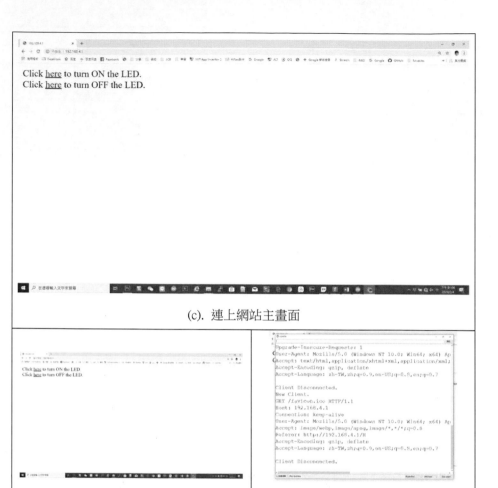

(c). 連上網站主畫面

(d). 打開 LED 燈

(e). 打開 LED 燈之監控畫面

(f). 打開 LED 燈實照

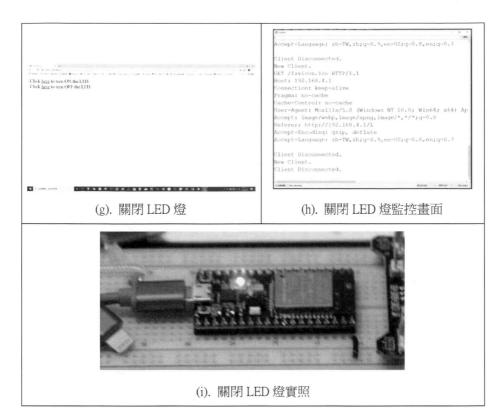

| (g). 關閉 LED 燈 | (h). 關閉 LED 燈監控畫面 |

(i). 關閉 LED 燈實照

圖 168 以無線基地台模式建立網頁伺服器結果畫面

透過網際網路取得即時時間

本文要介紹讀者如何使用 ESP 32 開發板，透過網際網路取得即時時間，由於即時時間與正確時間對於對物聯網開發，是一個非常重要的議題。所以本章節目地就要教讀者如何取得即時時間來應用在以後的開發之中(曹永忠, 2016h)。

NTP 如何工作？

Network Time Protocol (NTP)可以多種方式運行。最常見的配置是在客戶端-服務器模式(Client/Server)下運行。

如下圖所示，其基本工作原理如下：

● ESP32 開發板啟動客戶端設備，使用端口 123(Port : 123)的用戶數據報協議（UDP）連接到服務器。

- 客戶端將請求數據包(Send Request Packet)發送到 Network Time Protocol (NTP)服務器。

- 回應此請求(Response Request)，Network Time Protocol (NTP)服務器發送時間戳記封包(Time Stramp Packet)。

- 時間戳記封包(Time Stramp Packet)包含多個資訊，例如 UNIX 主機時間戳記，準確性，延遲或時區。

- 客戶端可以解析出目前日期和時間值。

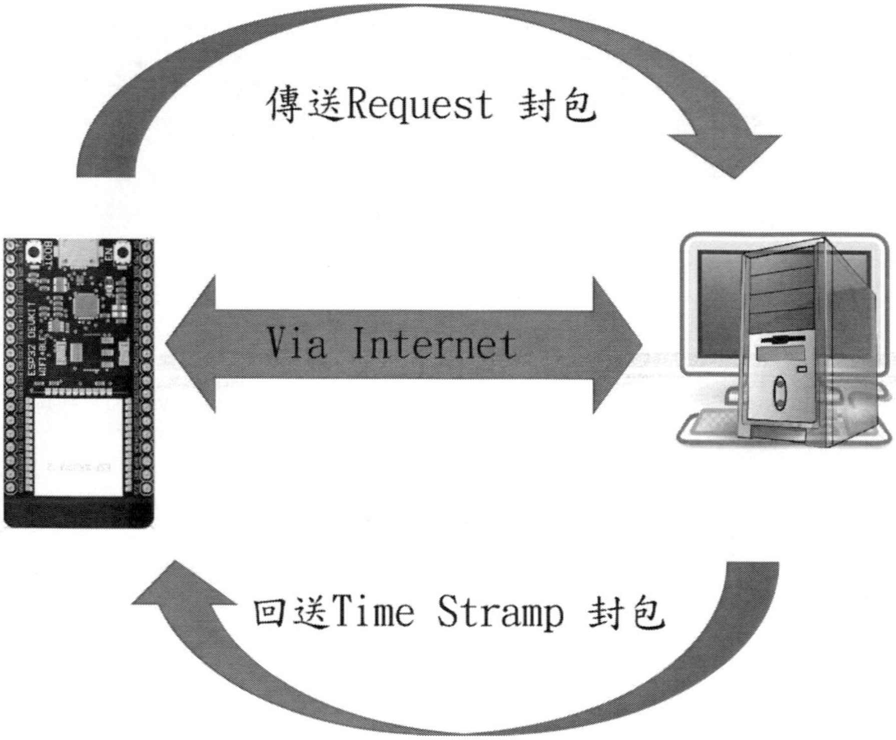

-

圖 169 網路校時流程圖

資料來源：https://lastminuteengineers.com/esp32-ntp-server-date-time-tutorial/

連接無線基地台實驗材料

如下圖所示，這個實驗我們需要用到的實驗硬體有下圖.(a)的 ESP 32 開發板、下圖.(b) MicroUSB 下載線：

(a). NodeMCU 32S開發板

(b). MicroUSB 下載線

圖 170 透過網際網路取得即時時間材料表

讀者可以參考下圖所示之透過網際網路取得即時時間電路圖，進行電路組立。

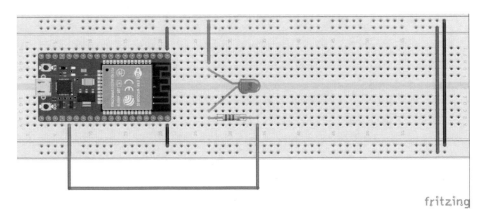

圖 171 透過網際網路取得即時時間電路圖

我們遵照前幾章所述，將 ESP 32 開發板的驅動程式安裝好之後，我們打開 ESP 32 開發板的開發工具：Sketch IDE 整合開發軟體(安裝 Arduino 開發環境，請參考本文之『Arduino 開發 IDE 安裝』，安裝 ESP 32 開發板 SDK 請參考本文之『安裝 ESP32

Arduino 整合開發環境』)，攥寫一段程式，如下表所示之透過網際網路取得即時時間測試程式，取得即時時間(曹永忠, 2016c, 2016e, 2016h, 2016j, 2016k, 2016l)。

表 17 透過網際網路取得即時時間測試程式(WPA 模式)

透過網際網路取得即時時間測試程式 (WiFiUdpNtpGetTime_ESP32)

```
#include <WiFi.h>
#include "time.h"

const char* ssid       = "BRUCE";
const char* password   = "12345678";

const char* ntpServer = "pool.ntp.org";
const long    gmtOffset_sec = 3600;
const int     daylightOffset_sec = 3600;

void printLocalTime()
{
  struct tm timeinfo;
  if(!getLocalTime(&timeinfo)){
    Serial.println("Failed to obtain time");
    return;
  }
  Serial.println(&timeinfo, "%A, %B %d %Y %H:%M:%S");
}

void setup()
{
  Serial.begin(9600);

  //connect to WiFi
  Serial.printf("Connecting to %s ", ssid);
  WiFi.begin(ssid, password);
  while (WiFi.status() != WL_CONNECTED) {
      delay(500);
      Serial.print(".");
  }
```

```
    Serial.println("");
    Serial.print("Successful Connecting to Access Point:");
    Serial.println("WiFi connected");
    Serial.println(WiFi.SSID());
    Serial.println("IP address: ");
    Serial.println(WiFi.localIP());


  //init and get the time
  configTime(gmtOffset_sec, daylightOffset_sec, ntpServer);
  printLocalTime();

  //disconnect WiFi as it's no longer needed
  WiFi.disconnect(true);
  WiFi.mode(WIFI_OFF);
}

void loop()
{
  delay(1000);
  printLocalTime();
}
```

程式下載：https://github.com/brucetsao/ESP_IOT_Programming

如下圖所示，我們可以看到透過網際網路取得即時時間結果畫面。

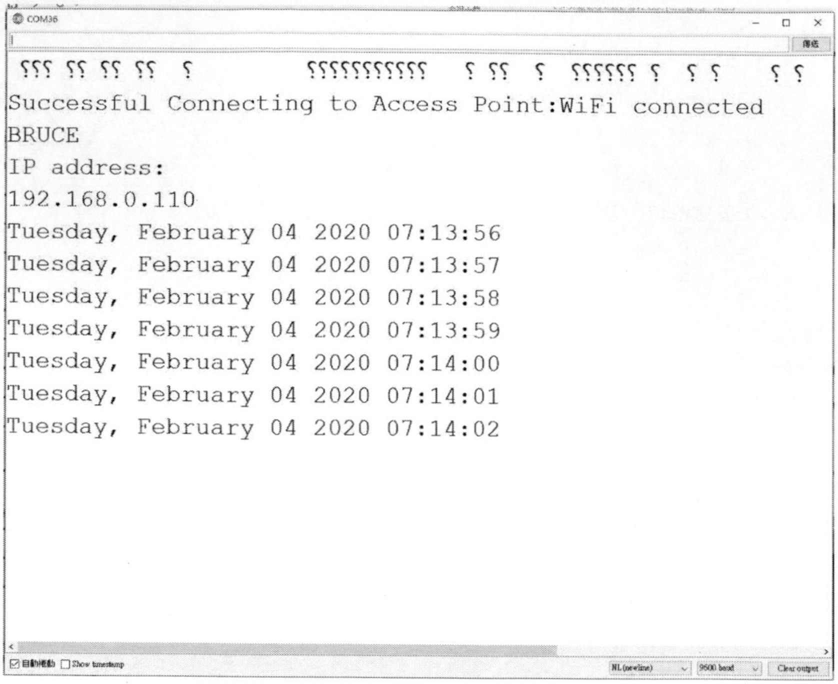

圖 172 透過網際網路取得即時時間結果畫面

章節小結

本章主要介紹之 ESP 32 開發板使用網路的進階應用，相信讀者會對 ESP 32 開發板建立網站、取得網路資源或網路時間等等，有更深入的了解與體認。

CHAPTER

進階 IO 篇

本章主要是教讀者使用輸入裝置(Input Device)與輸出裝置(Output Device)，透過單一裝置或兩個(含以上)的裝置，交互作用產生我們要的效果。

使用按鈕控制發光二極體明滅

　　本章節要教讀者使用按鈕模組，在使用者按下按鈕時，將發光二極體點亮，使用者放開按鈕時，發光二極體就熄滅。

使用按鈕控制發光二極體明滅實驗材料

　　如下圖所示，這個實驗我們需要用到的實驗硬體有下圖.(a)的 ESP 32 開發板、下圖.(b) MicroUSB 下載線、下圖.(c) LED 發光二極體、下圖.(d) 220 歐姆電阻與下圖.(e) 按鈕模組：

(a). NodeMCU 32S 開發板

(b). MicroUSB 下載線

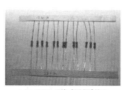

(c).LED 發光二極體　　　(d).220 歐姆電阻　　　(f).按鈕模組

圖 173 使用按鈕控制發光二極體明滅材料表

　　讀者可以參考下圖所示之使用按鈕控制發光二極體明滅電路圖，進行電路組立。

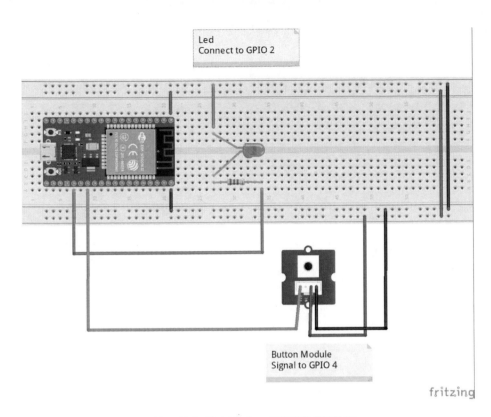

Led
Connect to GPIO 2

Button Module
Signal to GPIO 4

fritzing

圖 174 使用按鈕控制發光二極體明滅電路圖

　　我們遵照前幾章所述，將 ESP 32 開發板的驅動程式安裝好之後，我們打開 ESP 32 開發板的開發工具：Sketch IDE 整合開發軟體(安裝 Arduino 開發環境，請參考本文之『Arduino 開發 IDE 安裝』，安裝 ESP 32 開發板 SDK 請參考本文之『安裝 ESP32 Arduino 整合開發環境』)，攢寫一段程式，如下表所示之使用按鈕控制發光二極體明滅，在使用者按下按鈕時，將發光二極體點亮，使用者放開按鈕時，發光二極體就熄滅(曹永忠, 2016d; 曹永忠, 吳佳駿, et al., 2016a, 2016b, 2017c; 曹永忠, 郭晉魁, et al., 2016, 2017)。

表 18 使用按鈕控制發光二極體明滅測試程式

使用按鈕控制發光二極體明滅測試程式(ButtonControlLed)
#define LedPin 2 #define ButtonPin 4

```
// the setup function runs once when you press reset or power the board
void setup() {
  // initialize digital pin LED_BUILTIN as an output.
  pinMode(LedPin, OUTPUT);
  digitalWrite(LedPin,LOW) ;
}

// the loop function runs over and over again forever
void loop() {
  if (digitalRead(ButtonPin) == HIGH)
    {
        digitalWrite(LedPin, HIGH);      // turn the LED on (HIGH is the voltage level)
    }
    else
    {
        digitalWrite(LedPin, LOW);      // turn the LED on (HIGH is the voltage level)
    }
}
```

程式下載：https://github.com/brucetsao/ESP_IOT_Programming

如下圖所示，我們可以看到使用按鈕控制發光二極體明滅結果畫面。

圖 175 使用按鈕控制發光二極體明滅結果畫面

PWM 控制 LED 發光二極體發光強度

控制發光二極體發光強度

如下圖所示，這個實驗我們需要用到的實驗硬體有下圖.(a)的 ESP 32 開發板、

下圖.(b) MicroUSB 下載線、下圖.(c)發光二極體、下圖.(d) 220 歐姆電阻：

(a). NodeMCU 32S開發板

(b). MicroUSB 下載線

(c). 發光二極體

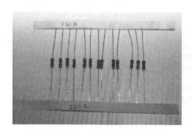

(d).220歐姆電阻

圖 176 控制發光二極體發光所需材料表

讀者可以參考下圖所示之控制發光二極體發光連接電路圖，進行電路組立。

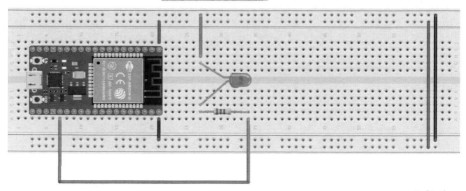

Led
Connect to GPIO 2

圖 177 控制發光二極體發光強度連接電路圖

讀者也可以參考下表之控制發光二極體發光接腳表，進行電路組立。

表 19 控制發光二極體發光接腳表

接腳	接腳說明	開發板接腳
1	麵包板 Vcc(紅線)	接電源正極(5V)
2	麵包板 GND(藍線)	接電源負極
3	220 歐姆電阻 A 端	開發板 GPIO2
4	220 歐姆電阻 B 端	LED 發光二極體(正極端)
5	LED 發光二極體(正極端)	220 歐姆電阻 B 端
6	LED 發光二極體(負極端)	麵包板 GND(藍線)

安裝 ESP32/NodeMCU 32S 開發板之 PWM 函式庫

本文請參閱本書之『Arduino 函式庫安裝(安裝線上函式庫)』一文，如下圖所示，請在紅框區，輸入要查詢函式庫名稱。

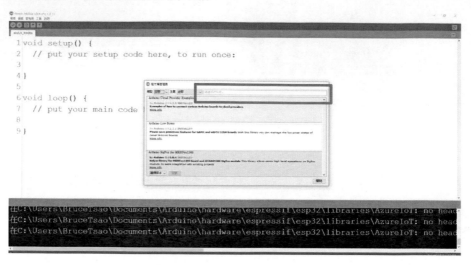

圖 178 輸入要查詢函式庫

如下圖所示，請在紅框區，輸入要查詢函式庫名稱：『ESP32 AnalogWrite』，按下『enter』鍵，如下圖所示，我們可以看到查詢到『ESP32 AnalogWrite』相關的函式庫。

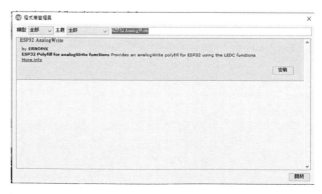

圖 179 輸入要查詢函式庫_ESP32 AnalogWrite

請安裝：函式庫_ESP32 AnalogWrite，完成安裝後，方可進行下一步。

程式開發

我們遵照前幾章所述，將 ESP 32 開發板的驅動程式安裝好之後，我們打開 ESP 32 開發板的開發工具：Sketch IDE 整合開發軟體(安裝 Arduino 開發環境，請參考本文之『Arduino 開發 IDE 安裝』，安裝 ESP 32 開發板 SDK 請參考本文之 ESP 32 開發板安裝驅動程式)，攢寫一段程式，如下表所示之控制發光二極體測試程式，控制發光二極體明滅測試(曹永忠, 2016d; 曹永忠, 吳佳駿, et al., 2016a, 2016b, 2016c, 2016d, 2017a, 2017b, 2017c; 曹永忠 et al., 2015a, 2015d, 2015e, 2015f; 曹永忠, 許智誠, et al., 2016a, 2016b; 曹永忠, 郭晉魁, et al., 2016, 2017)。

表 20 控制發光二極體強度測試程式

控制發光二極體強度測試程式(ledFade_ESP32)

```
#include <Arduino.h>
#include <analogWrite.h>
#define LedPin 2
int brightStep = 1;
int brightness = 0;

void setup() {
  // Set resolution for a specific pin
  analogWriteResolution(LedPin, 12);
}

void loop() {
  brightness += brightStep;
  if ( brightness == 0 || brightness == 255 ) {
    brightStep = -brightStep;
  }

  analogWrite(LedPin, brightness);
```

```
    delay(25);
}
```

程式下載：https://github.com/brucetsao/ESP_IOT_Programming

讀者也可以在作者 YouTube 頻道(https://www.youtube.com/user/UltimaBruce)中，
在網址 https://www.youtube.com/watch?v=NfwjhmFw2f4，看到本次實驗-控制發光二極
體強度測試程式結果畫面。

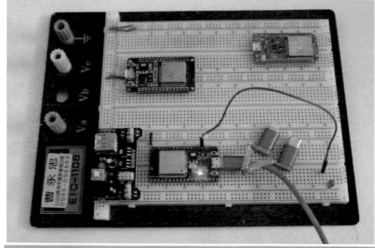

圖 180 控制發光二極體強度測試程式結果畫面

使用光敏電阻控制發光二極體發光強度

一般資料輸入，有分數位輸入、數位輸出與類比輸入、類比輸出，本章節要教讀者使用類比輸入，根據輸入的值大小，在判斷值大小之後，根據值大小與輸入範圍之比率，在透過類比輸出控制輸出的量。如此一來，就不在是純粹的控制發光二極體點亮/滅這麼簡單，而是透過輸入資料的比率來控制明滅的亮度強度。

使用光敏電阻控制發光二極體發光強度實驗材料

如下圖所示，這個實驗我們需要用到的實驗硬體有下圖.(a)的 ESP 32 開發板、下圖.(b) MicroUSB 下載線、下圖.(c) LED 發光二極體、下圖.(d) 220 歐姆電阻與下圖.(e) 光敏電阻模組：

(a). NodeMCU 32S開發板   (b). MicroUSB 下載線

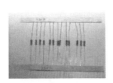
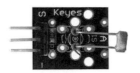

(c).LED發光二極體   (d).220歐姆電阻   (f). 光敏電阻模組

圖 181 使用光敏電阻控制發光二極體發光強度材料表

由於本實驗使用光敏電阻模組，對光敏電阻有興趣讀者，可以參閱筆者拙作

『Arduino 程式教學(常用模組篇):Arduino Programming (37 Sensor Modules)』(曹永忠,
2018a, 2018b; 曹永忠, 許智誠, & 蔡英德, 2015c; 曹永忠 et al., 2015f; 曹永忠, 許智
誠, & 蔡英德, 2015h, 2015i, 2015m, 2015o)來做深入研究。

其實一般仿間購買的光敏電阻模組(下圖.(b))，不外乎其原理是參考下圖.(a)所
開發出來的模組，沒有購買下圖.(b) 的光敏電阻模組，也可自行參考下圖.(a)之光
敏電阻量測電路示意圖，自行使用一個光敏電阻與一隻約 4.7k 歐姆的電阻，自行
將光敏電阻模組實作出來。

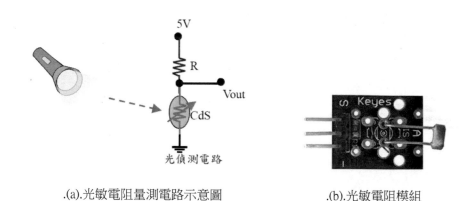

.(a).光敏電阻量測電路示意圖   .(b).光敏電阻模組

圖 182 使用光敏電阻控制發光二極體發光強度電路圖

.(a).光敏電阻量測電路示意圖資料來源：綠園創客的科學學習單

(http://virginia0arduino.blogspot.tw/2016/06/blog-post.html)

讀者可以參考下圖所示之使用光敏電阻控制發光二極體發光強度使用光敏電
阻控制發光二極體發光強度

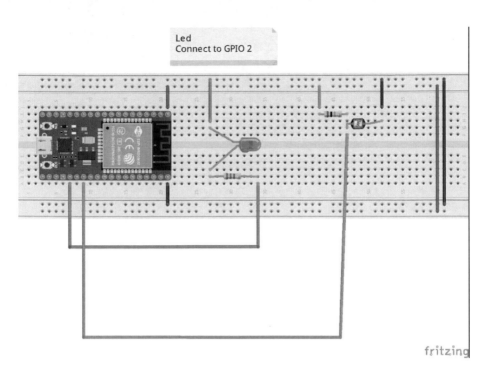

圖 183 使用光敏電阻控制發光二極體發光強度電路圖

　　讀者也可以參考下表之使用光敏電阻控制發光二極體發光強度接腳表，進行電路組立(曹永忠 et al., 2015c, 2015f)。

表 21 控制發光二極體發光接腳表

接腳	接腳說明	開發板接腳
1	麵包板 Vcc(紅線)	接電源正極(5V)
2	麵包板 GND(藍線)	接電源負極
3	220 歐姆電阻 A 端	開發板 GPIO 2
4	220 歐姆電阻 B 端	LED 發光二極體(正極端)
5	LED 發光二極體(正極端)	220 歐姆電阻 B 端
6	LED 發光二極體(負極端)	麵包板 GND(藍線)

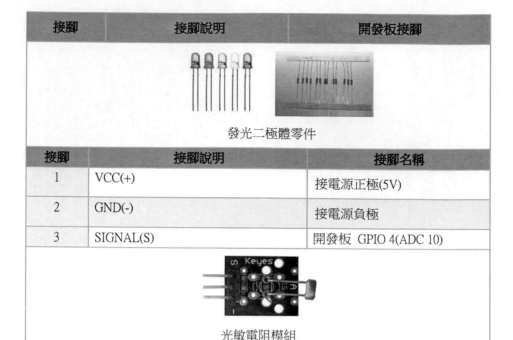

接腳	接腳說明	開發板接腳

發光二極體零件

接腳	接腳說明	接腳名稱
1	VCC(+)	接電源正極(5V)
2	GND(-)	接電源負極
3	SIGNAL(S)	開發板 GPIO 4(ADC 10)

光敏電阻模組

　　我們遵照前幾章所述，將 ESP 32 開發板的驅動程式安裝好之後，我們打開 ESP 32 開發板的開發工具：Sketch IDE 整合開發軟體(安裝 Arduino 開發環境，請參考本文之『Arduino 開發 IDE 安裝』，安裝 ESP 32 開發板 SDK 請參考本文之『安裝 ESP32 Arduino 整合開發環境』)，攥寫一段程式，如下表所示之使用光敏電阻控制發光二極體發光強度，光敏電阻模組在接受環境光源強度大小來控制發光二極體發光強度 (曹永忠, 2016d; 曹永忠, 吳佳駿, et al., 2016a, 2016b, 2017c; 曹永忠, 郭晉魁, et al., 2016, 2017)。

表 22 使用光敏電阻控制發光二極體發光強度測試程式

使用光敏電阻控制發光二極體發光強度測試程式(Light_Control_Led_ESP32)

```
#include <Arduino.h>
#include <analogWrite.h>
#define LedPin 2
#define LightPin 4
int lightValue = 0 ;
void setup() {
   // Set resolution for a specific pin
```

```
    Serial.Begin(9600) ;
    Serial.println("System Work") ;
    analogWriteResolution(LedPin, 12);
}

void loop() {
    lightValue = analogRead(LightPin);
    Serial.print("Light Strength is :(") ;
    Serial.print(lightValue) ;
    Serial.print(")\n") ;
    analogWrite(LedPin,lightValue );

    delay(50);
}
```

程式下載：https://github.com/brucetsao/ESP_IOT_Programming

如下圖所示，我們可以看到使用光敏電阻控制發光二極體發光強度結果畫面。

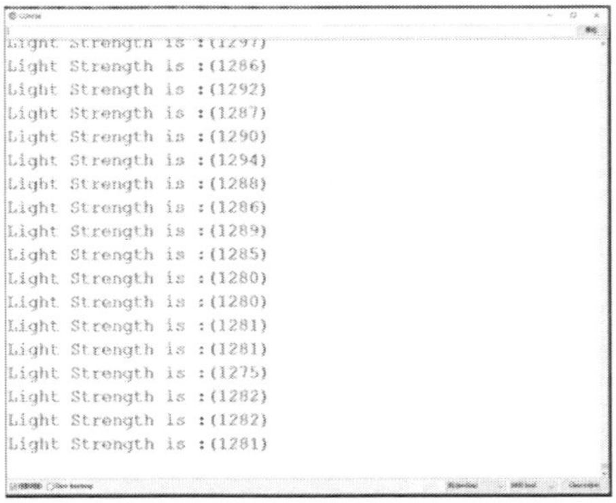

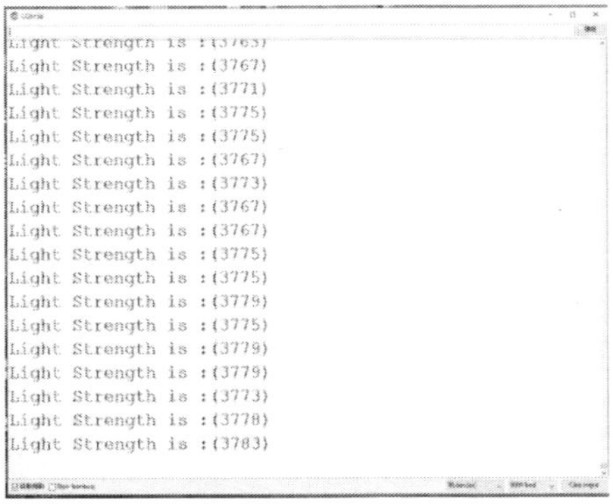

圖 184 使用光敏電阻控制發光二極體發光強度結果畫面

使用麥克風模組控制發光二極體發光強度

本章節要教讀者使用麥克風模組，在使用者發出聲時，透過聲音強弱來控制發光二極體之發光強度。

使用麥克風模組控制發光二極體發光強度實驗材料

如下圖所示，這個實驗我們需要用到的實驗硬體有下圖.(a)的 ESP 32 開發板、

下圖.(b) MicroUSB 下載線、下圖.(c) LED 發光二極體、下圖.(d) 220 歐姆電

阻與下圖.(e) 麥克風模組：

(a). NodeMCU 32S開發板

(b). MicroUSB 下載線

(c).LED發光二極體

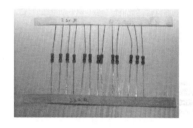

(d).220歐姆電阻

(f). MAX9814 with Auto Gain Control

圖 185 使用麥克風模組控制發光二極體發光強度材料表

讀者可以參考下圖所示之使用麥克風模組控制發光二極體發光強度電路圖，進行電路組立。

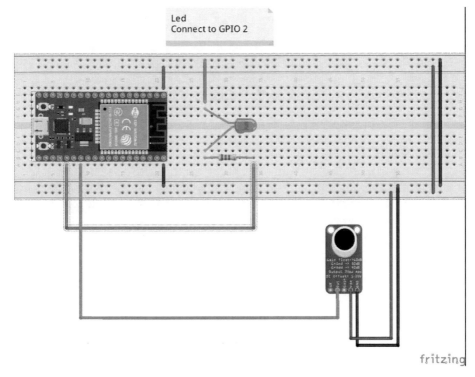

圖 186 使用麥克風模組控制發光二極體發光強度電路圖

讀者也可以參考下表之使用麥克風模組控制發光二極體發光強度接腳表，進行電路組立(曹永忠 et al., 2015c, 2015f)。

表 23 使用麥克風模組控制發光二極體發光強度接腳表

接腳	接腳說明	開發板接腳
1	麵包板 Vcc(紅線)	接電源正極(5V)
2	麵包板 GND(藍線)	接電源負極
3	220 歐姆電阻 A 端	開發板 GPIO 2

接腳	接腳說明	開發板接腳
4	220 歐姆電阻 B 端	LED 發光二極體(正極端)
5	LED 發光二極體(正極端)	220 歐姆電阻 B 端
6	LED 發光二極體(負極端)	麵包板 GND(藍線)

發光二極體零件

接腳	接腳說明	接腳名稱
1	VCC(+)	接電源正極(5V)
2	GND(G)	接電源負極
3	A0	開發板 GPIO 4(ADC 10)

MAX9814 Microphone AGC

我們遵照前幾章所述，將 ESP 32 開發板的驅動程式安裝好之後，我們打開 ESP 32 開發板的開發工具：Sketch IDE 整合開發軟體(安裝 Arduino 開發環境，請參考本文之『Arduino 開發 IDE 安裝』，安裝 ESP 32 開發板 SDK 請參考本文之『安裝 ESP32 Arduino 整合開發環境』)，攥寫一段程式，如下表所示之使用麥克風模組控制發光二極體發光強度，在使用者發出聲音時，根據聲音大小來控制發光二極體亮度之強弱(曹永忠, 2016d; 曹永忠, 吳佳駿, et al., 2016a, 2016b, 2017c; 曹永忠, 郭晉魁, et al., 2016, 2017)。

表 24 使用麥克風模組控制發光二極體發光強度測試程式

使用麥克風模組控制發光二極體發光強度測試程式(MicPWMControlLed)

```
#include <Arduino.h>
#include <analogWrite.h>
#define LedPin 2
#define MicPin 4
int micValue = 0;
void setup() {
  Serial.begin(9600);
  delay(1000);
  // Set resolution for a specific pin
  analogWriteResolution(LedPin, 12);

}

void loop() {
  micValue = analogRead(MicPin);
  Serial.print(micValue) ;
  Serial.print("/") ;
  Serial.print(map(micValue, 0, 2048,0, 255)) ;
  Serial.print("\n") ;

  analogWrite(LedPin, map(micValue, 1000, 2048,0, 255));

  dclay(25);
}
```

程式下載：https://github.com/brucetsao/ESP_IOT_Programming

讀者也可以在作者 YouTube 頻道(https://www.youtube.com/user/UltimaBruce)中，

在網址 https://www.youtube.com/watch?v=sxpLIHDNAYo，看到本次實驗-使用麥克風

模組控制發光二極體發光強度結果畫面。

圖 187 使用麥克風模組控制發光二極體發光強度結果畫面

章節小結

　　本章主要介紹之 ESP32 開發板與使用者互動，或與環境互動，來控制數位輸出或類比輸出，透過本章節的解說，相信讀者會對使用者/環境互動連接數位/類比裝置，有更深入的了解與體認。

本書總結

筆者對於 ESP 32 開發板相關的書籍，也出版許多書籍，感謝許多有心的讀者提供筆者許多寶貴的意見與建議，特別感謝台北大安高工冷凍科歐鎮寬老師之提攜 (網址：http://ta.taivs.tp.edu.tw/mainteacher/SearchData.asp?TID=541)，與 ESP32 大師：中信金融管理學院人工智慧學系的尤濬哲助理教授之無私分享 (網址：https://faculty.ctbc.edu.tw/%E5%B0%A4%E6%BF%AC%E5%93%B2-%E5%8A%A9%E7%90%86%E6%95%99%E6%8E%88/)，若沒有這些先進協助，本書無法付梓，所以筆者不勝感激

本系列叢書的特色是一步一步教導大家使用更基礎的東西，來累積各位的基礎能力，讓大家能在物聯網時代潮流中，可以拔的頭籌，所以本系列是一個永不結束的系列，只要更多的東西被製造出來，相信筆者會更衷心的希望與各位永遠在這條物聯網時代潮流中與大家同行。

作者介紹

曹永忠 (Yung-Chung Tsao) ，國立中央大學資訊管理學系博士，目前在國立暨南國際大學電機工程學系兼任助理教授與自由作家，專注於軟體工程、軟體開發與設計、物件導向程式設計、物聯網系統開發、Arduino 開發、嵌入式系統開發。長期投入資訊系統設計與開發、企業應用系統開發、軟體工程、物聯網系統開發、軟硬體技術整合等領域，並持續發表作品及相關專業著作。

Email:prgbruce@gmail.com

Line ID：dr.brucetsao

WeChat：dr_brucetsao

作者網站：https://www.cs.pu.edu.tw/~yctsao/

臉書社群(Arduino.Taiwan)：

https://www.facebook.com/groups/Arduino.Taiwan/

Github 網站：https://github.com/brucetsao/

原始碼網址：

https://github.com/brucetsao/ESP_IOT_Programming

Youtube：

https://www.youtube.com/channel/UCcYG2yY_u0m1aotcA4hrRgQ

附錄

NodeMCU 32S 腳位圖

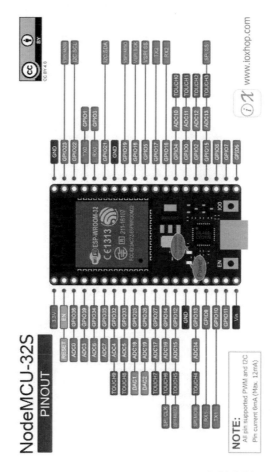

資料來源：espressif 官網：

https://www.espressif.com/sites/default/files/documentation/esp32_datasheet_en.pdf

ESP32-DOIT-DEVKIT 腳位圖

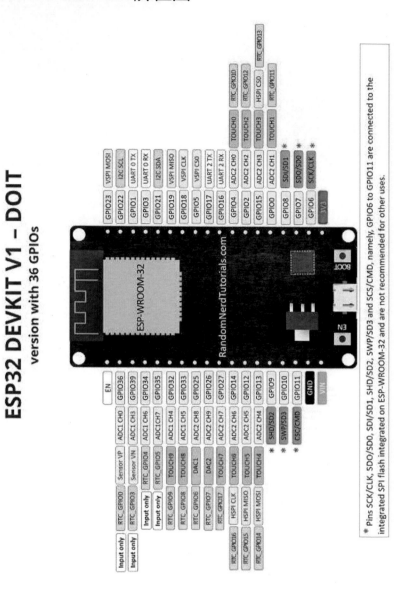

資料來源：espressif 官網：

https://www.espressif.com/sites/default/files/documentation/esp32_datasheet_en.pdf

SparkFun ESP32 Thing 腳位圖

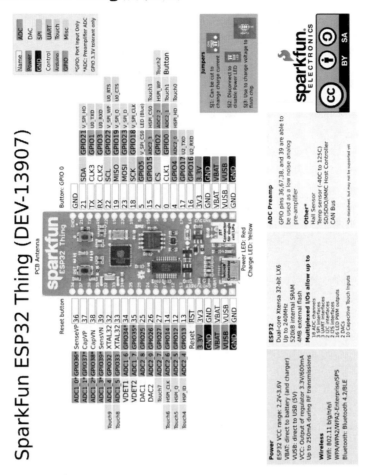

資料來源：Sparkfun 官網：https://www.sparkfun.com/products/13907

Hornbill_ESP32_Devboard 腳位圖

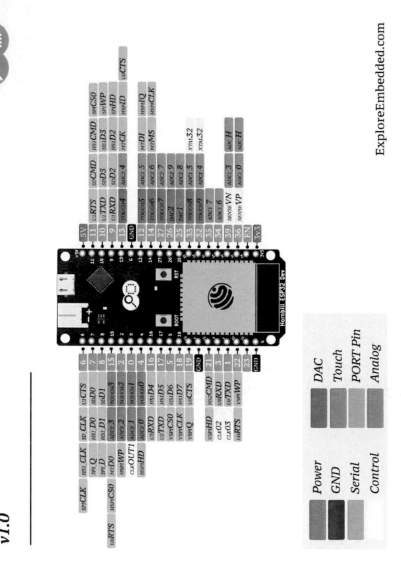

Hornbill ESP32 Pinout v1.0

ExploreEmbedded.com

資料來源：espressif 官網：

https://www.exploreembedded.com/product/Hornbill%20ESP32%20Dev

參考文獻

尤濬哲. (2019). ESP32 Arduino 開發環境架設（取代 Arduino UNO 及 ESP8266 首選）. Retrieved from https://youyouyou.pixnet.net/blog/post/119410732

曹永忠. (2016a). AMEBA 透過建構網頁伺服器控制電器開關. Retrieved from http://makerpro.cc/2016/05/using-ameba-to-control-electric-switch-via-web-server/

曹永忠. (2016b). AMEBA 透過網路校時 RTC 時鐘模組. Retrieved from http://makerpro.cc/2016/03/using-ameba-to-develop-a-timing-controlling-device-via-internet/

曹永忠. (2016c). AMEBA 透過網路校時 RTC 時鐘模組. 智慧家庭. Retrieved from http://makerpro.cc/2016/03/using-ameba-to-develop-a-timing-controlling-device-via-internet/

曹永忠. (2016d). 【MAKER 系列】程式設計篇－ DEFINE 的運用. 智慧家庭. Retrieved from http://www.techbang.com/posts/47531-maker-series-program-review-define-the-application-of

曹永忠. (2016e). 用 RTC 時鐘模組驅動 Ameba 時間功能. 智慧家庭. Retrieved from http://makerpro.cc/2016/03/drive-ameba-time-function-by-rtc-module/

曹永忠. (2016f). 【如何設計網路計時器？】系統開發篇. 智慧家庭. Retrieved from http://www.techbang.com/posts/45864-how-to-design-a-network-timer-systems-development-review

曹永忠. (2016g). 【如何設計網路計時器？】物聯網開發篇. 智慧家庭. Retrieved from http://www.techbang.com/posts/46626-how-to-design-a-network-timer-the-internet-of-things-flash-lite-developer

曹永忠. (2016h). 使用 Ameba 的 WiFi 模組連上網際網路. 智慧家庭. Retrieved from http://makerpro.cc/2016/03/use-ameba-wifi-model-connect-internet/

曹永忠. (2016i). 使用 Ameba 的 WiFi 模組連上網際網路. Retrieved from http://makerpro.cc/2016/03/use-ameba-wifi-model-connect-internet/

曹永忠. (2016j). 智慧家庭：如何安裝各類感測器的函式庫. 智慧家庭. Retrieved from https://vmaker.tw/archives/3730

曹永忠. (2016k). 智慧家庭實作：ARDUINO 永遠的時間靈魂－RTC 時

鐘模組. 智慧家庭. Retrieved from http://www.techbang.com/posts/40838

　　曹永忠. (2016l). 實戰 ARDUINO 的 RTC 時鐘模組，教你怎麼進行網路校時. Retrieved from
http://www.techbang.com/posts/40869-smart-home-arduino-internet-soul-internet-school

　　曹永忠. (2018a). 【物聯網開發系列】多對一小型溫濕度暨亮度感測裝置之實作(單一微型裝置篇). 智慧家庭. Retrieved from
https://vmaker.tw/archives/27000

　　曹永忠. (2018b). 語音連接技巧大探索-語音播放溫溼度感測資料設計實務. Circuit Cellar 嵌入式科技(國際中文版 NO.9), 90-103.

　　曹永忠, 吳佳駿, 許智誠, & 蔡英德. (2016a). Ameba 气氛灯程序开发(智能家庭篇):Using Ameba to Develop a Hue Light Bulb (Smart Home) (初版 ed.). 台湾、彰化: 渥瑪數位有限公司.

　　曹永忠, 吳佳駿, 許智誠, & 蔡英德. (2016b). Ameba 氣氛燈程式開發(智慧家庭篇):Using Ameba to Develop a Hue Light Bulb (Smart Home) (初版 ed.). 台湾、彰化: 渥瑪數位有限公司.

　　曹永忠, 吳佳駿, 許智誠, & 蔡英德. (2016c). Ameba 程式設計(基礎篇):Ameba RTL8195AM IOT Programming (Basic Concept & Tricks) (初版 ed.). 台湾、彰化: 渥瑪數位有限公司.

　　曹永忠, 吳佳駿, 許智誠, & 蔡英德. (2016d). Ameba 程序设计(基础篇):Ameba RTL8195AM IOT Programming (Basic Concept & Tricks) (初版 ed.). 台湾、彰化: 渥瑪數位有限公司.

　　曹永忠, 吳佳駿, 許智誠, & 蔡英德. (2017a). Ameba 程式設計(物聯網基礎篇):An Introduction to Internet of Thing by Using Ameba RTL8195AM (初版 ed.). 台湾、彰化: 渥瑪數位有限公司.

　　曹永忠, 吳佳駿, 許智誠, & 蔡英德. (2017b). Ameba 程序设计(物联网基础篇):An Introduction to Internet of Thing by Using Ameba RTL8195AM (初版 ed.). 台湾、彰化: 渥瑪數位有限公司.

　　曹永忠, 吳佳駿, 許智誠, & 蔡英德. (2017c). Arduino 程式設計教學(技巧篇):Arduino Programming (Writing Style & Skills) (初版 ed.). 台湾、彰化: 渥瑪數位有限公司.

　　曹永忠, 許智誠, & 蔡英德. (2015a). Arduino 实作布手环:Using Arduino to Implementation a Mr. Bu Bracelet (初版 ed.). 台湾、彰化: 渥瑪數位有限公司.

　　曹永忠, 許智誠, & 蔡英德. (2015b). Arduino 程式教學(入門篇):Arduino Programming (Basic Skills & Tricks) (初版 ed.). 台湾、彰化: 渥玛数位有限公司.

　　曹永忠, 許智誠, & 蔡英德. (2015c). Arduino 程式教學(常用模組篇):Arduino Programming (37 Sensor Modules) (初版 ed.). 台湾、彰化: 渥玛数位有限公司.

曹永忠, 許智誠, & 蔡英德. (2015d). Arduino 程式教學(無線通訊篇):Arduino Programming (Wireless Communication) (初版 ed.). 台灣、彰化: 渥瑪數位有限公司.

曹永忠, 許智誠, & 蔡英德. (2015e). Arduino 编程教学(无线通讯篇):Arduino Programming (Wireless Communication) (初版 ed.). 台灣、彰化: 渥瑪數位有限公司.

曹永忠, 許智誠, & 蔡英德. (2015f). Arduino 编程教学(常用模块篇):Arduino Programming (37 Sensor Modules) (初版 ed.). 台灣、彰化: 渥瑪數位有限公司.

曹永忠, 許智誠, & 蔡英德. (2015g). Arduino 编程教学(入門篇):Arduino Programming (Basic Skills & Tricks) (初版 ed.). 台灣、彰化: 渥瑪数位有限公司.

曹永忠, 許智誠, & 蔡英德. (2015h). fayaduino Uno 開發板實作：如何使用語音聲控控制燈號程式. Retrieved from http://www.techbang.com/posts/25328-humanitys-future-internet-use-voice-control-lights

曹永忠, 許智誠, & 蔡英德. (2015i). Maker 物聯網實作：用 DHx 溫濕度感測模組回傳天氣溫溼度. 物聯網. Retrieved from http://www.techbang.com/posts/26208-the-internet-of-things-daily-life-how-to-know-the-temperature-and-humidity

曹永忠, 許智誠, & 蔡英德. (2015j). 人類的未來－物聯網：透過THINGSPEAK 網站監控居家亮度. 物聯網. Retrieved from http://makerdiwo.com/archives/4690

曹永忠, 許智誠, & 蔡英德. (2015k). 人類的未來－智慧家庭：如果一切電器都可以用手機操控那該有多好. 智慧家庭. Retrieved from http://makerdiwo.com/archives/4803

曹永忠, 許智誠, & 蔡英德. (2015l). 如何當一個專業的 MAKER：改寫程式為使用函式庫的語法. Retrieved from http://www.techbang.com/posts/39932-how-to-be-a-professional-maker-rewrite-the-program-to-use-the-library-syntax

曹永忠, 許智誠, & 蔡英德. (2015m). 『物聯網』的生活應用實作：用DS18B20 溫度感測器偵測天氣溫度. Retrieved from http://www.techbang.com/posts/26208-the-internet-of-things-daily-life-how-to-know-the-temperature-and-humidity

曹永忠, 許智誠, & 蔡英德. (2015n). 創客神器 ARDUINO 到底是什麼呢？. Retrieved from http://makerdiwo.com/archives/1893

曹永忠, 許智誠, & 蔡英德. (2015o). 智慧家庭：健康體重的核心技術. 智慧家庭. Retrieved from https://makerdiwo.com/archives/6838

曹永忠, 許智誠, & 蔡英德. (2016a). Arduino 程式教學(基本語法篇):Arduino Programming (Language & Syntax) (初版 ed.). 台湾、彰化: 渥瑪數
位有限公司.

曹永忠, 許智誠, & 蔡英德. (2016b). Arduino 程序教学(基本语法
篇):Arduino Programming (Language & Syntax) (初版 ed.). 台湾、彰化: 渥瑪數
位有限公司.

曹永忠, 郭晉魁, 吳佳駿, 許智誠, & 蔡英德. (2016). MAKER 系列-程式
設計篇：多腳位定義的技巧(上篇). 智慧家庭. Retrieved from
http://www.techbang.com/posts/48026-program-review-pin-definition-part-one

曹永忠, 郭晉魁, 吳佳駿, 許智誠, & 蔡英德. (2017). Arduino 程序设计
教学(技巧篇):Arduino Programming (Writing Style & Skills) (初版 ed.). 台湾、
彰化: 渥瑪數位有限公司.

維基百科. (2016, 2016/011/18). 發光二極體. Retrieved from
https://zh.wikipedia.org/wiki/%E7%99%BC%E5%85%89%E4%BA%8C%E6%A5%
B5%E7%AE%A1

ESP32 程式設計 (基礎篇)
ESP32 IOT Programming (Basic Concept & Tricks)

作　　者：曹永忠

發 行 人：黃振庭

出 版 者：崧燁文化事業有限公司

發 行 者：崧燁文化事業有限公司

E-mail：sonbookservice@gmail.com

粉 絲 頁：https://www.facebook.com/
sonbookss/

網　　址：https://sonbook.net/

地　　址：台北市中正區重慶南路一段六十一號八
樓 815 室

Rm. 815, 8F., No.61, Sec. 1, Chongqing S. Rd., Zhongzheng Dist., Taipei City 100, Taiwan

電　　話：(02) 2370-3310

傳　　真：(02) 2388-1990

印　　刷：京峯彩色印刷有限公司 (京峰數位)

律師顧問：廣華律師事務所 張珮琦律師

定　　價：400 元

發行日期：2022 年 03 月第一版

◎本書以 POD 印製

國家圖書館出版品預行編目資料

ESP32 程 式 設 計 . 基 礎 篇 =
ESP32 IOT programming(basic
concept & tricks) / 曹永忠著 . --
第一版 . -- 臺北市：崧燁文化事業
有限公司 , 2022.03
　面；　公分
POD 版
ISBN 978-626-332-084-0(平裝)
1.CST: 微處理機
471.516　111001402

官網

臉書